21世纪高等学校精品规划教材

C 语言程序设计
（第三版）

主 编 丁亚涛

副主编 喻 洁 钟志水 刘 涛

中国水利水电出版社
www.waterpub.com.cn

内 容 提 要

本书第二版是普通高等教育"十一五"国家级规划教材。本书在延续二版编写风格的基础上，根据计算机技术的发展，结合作者多年教学实践与研发经验，并考虑到读者的反馈信息，对各个章节的内容、结构等进行了修订、调整、完善和补充。全书分为 12 章，主要内容包括：C 语言概述、数据类型、运算符和表达式、简单程序设计、选择结构程序设计、循环结构程序设计、数组、函数、指针、结构体、共用体与枚举，位运算，文件，面向对象程序设计及 C++简介。本书采用"案例驱动"的编写方式，以程序设计为中心，语法介绍精炼，内容叙述深入浅出、循序渐进，程序案例生动易懂，具有很好的启发性。每章均配备教学课件和精心设计的习题。本书配套的《C 语言程序设计实训与考试指导（第三版）》附有光盘和 C 语言题库及练习软件系统，以方便读者复习考试和上机操作，其中大容量题库及练习软件系统经过长期的测试和验证，对教学具有很高的参考价值。

本书既可以作为本专科院校 C 语言程序设计的教材，又可以作为自学者的参考用书，同时还可供各类考试人员复习参考。

本书所配电子教案及相关教学资源可以从中国水利水电出版社网站和万水书苑上下载，网址为：http://www.waterpub.com.cn/softdown/和 http://www.wsbookshow.com。使用本书的学校可以与作者联系（yataoo@126.com 或 yataoo@yataoo.com），索取更多相关教学资源。

图书在版编目（CIP）数据

C语言程序设计 / 丁亚涛主编. -- 3版. -- 北京：
中国水利水电出版社，2010.1（2022.7 重印）
21世纪高等学校精品规划教材
ISBN 978-7-5084-7073-3

Ⅰ. ①C… Ⅱ. ①丁… Ⅲ. ①C语言－程序设计－高等学校－教材 Ⅳ. ①TP312

中国版本图书馆CIP数据核字(2009)第228407号

策划编辑：雷顺加　　责任编辑：张玉玲　　加工编辑：胡海家　　封面设计：李佳

书　　名	21世纪高等学校精品规划教材 C 语言程序设计（第三版）
作　　者	主　编　丁亚涛　副主编　喻　洁　钟志水　刘　涛
出版发行	中国水利水电出版社 （北京市海淀区玉渊潭南路1号D座　100038） 网址：www.waterpub.com.cn E-mail：mchannel@263.net（万水） 　　　　sales@mwr.gov.cn 电话：(010) 68545888（营销中心）、82562819（万水）
经　　售	北京科水图书销售有限公司 电话：(010) 68545874、63202643 全国各地新华书店和相关出版物销售网点
排　　版	北京万水电子信息有限公司
印　　刷	三河市祥宏印务有限公司
规　　格	184mm×260mm　16开本　16.25印张　395千字
版　　次	1999年12月第1版　1999年12月第1次印刷 2010年1月第3版　2022年7月第19次印刷
印　　数	76001—78000 册
定　　价	26.80 元

凡购买我社图书，如有缺页、倒页、脱页的，本社营销中心负责调换
版权所有·侵权必究

第一版序

80年代以来，信息革命的浪潮席卷全球，电子计算机的广泛应用是这场革命的标志和先导。和发达国家相比，我国虽起步稍晚，但来势之猛、发展速度之快、成就之大，举世瞩目。如今，计算机已成为人们进行各种社会活动不可缺少的工具。其应用范围早已起出了传统意义上的"计算"和"控制"范畴，进入了非数值处理乃至社会交往、家庭生活的各个领域，可以毫不夸张地说，凡是一切有人类思维存在的地方，计算机就有它的用武之地。因此，了解计算机科学，掌握计算机技术，已成为社会对人才的基本要求。换而言之，学会使用计算机是面向21世界青年人才所必备的技术技能，也是提高我们伟大民族整体科学技术水平的象征。

在普及计算机知识，推广计算机应用方面，各类计算机图书起到了不可估量的作用。但在琳琅满目的计算机书架上，真正着眼于大专及其以下各类中等专业学校、技术学校以及相关职业学校学生的计算机教材尚显不足。中国科学技术大学出版社和安徽省大、中专计算机教学研究会认真抓了此项工作，组织编写了这套大、中专计算机系列教材，以适应相应层次读者的需要，无疑值得称赞。

呈献给广大读者的这套计算机系列教材，是由多位长期从事大、中专计算机课程教学与研究的老师共同精选精编而成。内容的选取依据国家教委制定的大专、中专计算机课程教学大纲，同时，还参照了国家教委考试中心关于全国计算机等级考试要求，其编写特点是：①内容深入浅出，循序渐进，充分考虑了大专及其以下各类中等专业学校、技术学校的教学实情和初学者的知识结构、层次及其认识特点；②理实交融，既重视基本原理的阐述，又注重方法和技能的介绍与训练；③突出应用，在实用上做文章，书中列有大量的例题和应用实例，既方便读者上机练习，又可达到举一反三，触类旁通之目的。此外，书中各章之后均附有适量习题、实验指导和参考程序，方便自学。

有鉴于此，我非常高兴地向工作在电视大学、职工大学、中专学校、技工学校、职业中学、职工技校和各类相关培训中心的教学第一线的教师、学生、各类管理干部、各行各业的计算机操作员、电脑爱好者和初学者推荐这套系列教材。希望之套教材能在推动我国计算机普及应用、培养跨世纪优秀工程应用型人才和现代化管理复合型人才、促进经济发展等方面发挥作用。

陈国良　院士
1999年3月

再版前言

本书第二版是普通高等教育"十一五"国家级规划教材。

本书第二版自出版以来，受到了广大读者的热情关注，在多所高校教学中取得好评，在此感谢广大读者的支持和鼓励。

通过几年的教学实践，为进一步提高教材的质量，适应目前不断发展的教学需求，我们对第二版教材进行了一定程度的修订，其中包括章节的调整、内容的充实和错误的更正等，特别是为了使教材能更好地服务于教学和相关的等级考试，第三版根据部分考试大纲要求，充实了相应的内容，并全面设计了实训指导书，重点推出了多年设计的题库和练习软件系统作为第三版教材的配套资料，目前在国内类似的教材中应该是具有明显特色的。

本书为适应各类本专科院校学生 C 语言程序设计的学习和考试的需要而精心设计的。第三版全书调整为 12 章，主要内容包括：程序设计基础和 C 语言概述；数据类型、运算符和表达式；简单程序设计；选择结构的程序设计；循环结构程序设计；数组；函数；指针；结构、枚举与共用体；位运算；文件；面向对象程序设计和 C++简介等。全书注重以"案例驱动"学习，结合实际，采用通俗易懂的讲解，力图给初学者一个良好系统的学习向导。所有运行结果改用实际运行效果图形式显示，为读者阅读和调试程序带来方便。章节后均附有精心设计的习题，其中很多是模拟历年来的 C 语言等级考试试题而设计，具有很好的启发性。

本书在结构上将位运算调整为单独一章，增加了面向对象程序设计和 C++的简单介绍，目的在于适应机动的教学安排。对于 C 语言语法的介绍力求简练，用层次渐进的实例说明问题，实例的选择考虑到在完成阐述语法的基础上增加适当的趣味性，使读者在轻松的气氛中理解程序设计的原理和奥妙。简单程序设计章节包含了顺序结构的内容，同时也是模块化程序设计的开始，章节名称的设计也考虑到全书知识点层次渐进的特点。

第三版参考了全国计算机等级考试大纲和部分省市计算机水平考试大纲，并配有《C 语言程序设计实训与考试指导（第三版）》（附光盘），其中包括了上机实训的内容、考试指南、教材课后习题答案以及题库练习软件系统和大量的参考资料，题库练习软件系统内嵌了经过多年研制的大型题库（100 多套），读者练习后能自动评分，对于 C 语言的学习和考试具有很大的帮助。本版对软件和题库都进行了全面的升级。

另外，全书代码在 Turbo C 2.0 和 Visual C++ 6.0 下调试通过，两种平台的不同之处在书中都作了注解。全书的附录中也对两种平台的不同之处作了比对，供读者参考。

第三版全书由丁亚涛主编，喻洁、钟志水、刘涛任副主编。参加编写的还有杞宁、王永国、林学华、黄谨娉、谢杨梅、张成叔、程一飞、杜春敏、朱薇、欧凤霞、刘维平等，同时这些作者也是 C 语言大型题库和软件系统建设团队的主要成员，部分老师还参与了教学网站 www.yataoo.com 的建设和维护工作。本书的出版还要特别感谢陈国良院士，为本书的第一版写了充满鼓励的序，一直激励着我们努力地工作。另外还要感谢胡学钢教授、郭玉堂教授，他们对本书提出了非常宝贵的意见，特别是书中内容的编排、案例选取、文叙风格、难易程度的把握等等。全书得到了中国水利水电出版社相关领导的大力支持和北京万水电子信息有限公司策划团队的用心指导,在此深表感谢。

  由于时间仓促及编者水平有限,书中疏漏甚至错误之处在所难免,恳请广大读者批评指正。
  本书教学课件经过精心制作,需要教师或读者可以联系编者免费索取:yataoo@126.com,或者到中国水利水电出版社网站下载。

编 者

2009 年 12 月

目 录

第一版序
再版前言

第1章 C语言概述 1
1.1 程序设计的基本概念 1
1.1.1 程序的概念 1
1.1.2 程序设计的一般过程 1
1.1.3 程序设计的方法 1
1.2 C语言概况 2
1.2.1 C语言的发展 2
1.2.2 C语言的特点 2
1.3 简单的C语言程序 3
1.4 算法 6
1.4.1 算法概述 6
1.4.2 算法的表示 6
1.5 C语言编程环境 8
1.5.1 Turbo C 2.0 编程环境 8
1.5.2 Visual C++ 6.0 编程环境 ... 11
本章小结 14
习题一 15

第2章 数据类型、运算符和表达式 ... 16
2.1 数据类型 16
2.1.1 数据类型概述 16
2.1.2 整数类型 17
2.1.3 实型 17
2.1.4 字符型 18
2.2 标识符、常量与变量 18
2.2.1 标识符 18
2.2.2 常量 19
2.2.3 变量 22
2.2.4 溢出与舍入误差 26
2.3 运算符与表达式 28
2.3.1 算术运算符与算术表达式 ... 29
2.3.2 赋值运算符与赋值表达式 ... 33
2.3.3 算术表达式的书写 34

2.3.4 逗号运算符与逗号表达式 ... 35
2.4 数据类型转换 36
2.4.1 类型转换概述 36
2.4.2 自动类型转换 37
2.4.3 赋值类型转换 37
2.4.4 强制类型转换 38
2.4.5 小结 38
2.5 程序举例 38
本章小结 40
习题二 41

第3章 简单程序设计 43
3.1 C语言语句 43
3.2 程序结构 44
3.2.1 程序结构简介 44
3.2.2 顺序结构 45
3.3 赋值语句 47
3.3.1 基本赋值语句 47
3.3.2 复合赋值语句 47
3.4 数据输入与输出 48
3.4.1 格式化输出函数 printf 48
3.4.2 格式化输入函数 scanf 51
3.4.3 字符数据的输入与输出 55
3.5 程序举例 56
本章小结 60
习题三 61

第4章 选择结构程序设计 64
4.1 关系运算符与关系表达式 64
4.1.1 关系运算符 64
4.1.2 关系表达式 65
4.2 逻辑运算符与逻辑表达式 65
4.2.1 逻辑运算符 65
4.2.2 逻辑表达式 66

4.3 if 语句 …………………………………… 68	7.1.3 参考传递 …………………………… 126
4.3.1 单分支 if 语句 ……………………… 68	7.1.4 函数声明 …………………………… 128
4.3.2 双分支 if 语句 ……………………… 69	7.4 标识符作用域 …………………………… 128
4.3.3 多分支选择结构 ……………………… 70	7.5 存储类型 ………………………………… 130
4.3.4 if 语句的嵌套 ……………………… 72	7.5.1 自动（auto）类型 ………………… 131
4.3.5 条件运算符和条件表达式 …………… 73	7.5.2 寄存器（register）类型 …………… 131
4.4 switch 语句 …………………………………… 74	7.5.3 静态（static）类型 ………………… 132
4.5 程序举例 ……………………………………… 77	7.5.4 外部（extern）类型 ……………… 133
本章小结 …………………………………………… 80	7.6 递归函数 ………………………………… 133
习题四 ……………………………………………… 81	7.7 程序示例 ………………………………… 135
第 5 章 循环结构程序设计 ………………… 86	本章小结 ……………………………………… 138
5.1 循环的基本概念 ……………………………… 86	习题七 ………………………………………… 139
5.1.1 方法的探索 …………………………… 86	**第 8 章 指针** ……………………………… 143
5.1.2 循环结构语句 ………………………… 86	8.1 指针的概念 ……………………………… 143
5.2 while 循环 …………………………………… 86	8.2 指针变量的定义和初始化 ……………… 143
5.3 do-while 循环 ……………………………… 89	8.3 指针运算 ………………………………… 144
5.4 for 循环 ……………………………………… 90	8.3.1 *运算符和取地址运算符& ……… 144
5.5 循环嵌套 ……………………………………… 93	8.3.2 指针变量的引用 …………………… 145
5.6 break 语句、continue 语句和 goto 语句 … 94	8.3.3 指针的算术运算和关系运算 ……… 147
5.6.1 break 语句 …………………………… 94	8.4 指针与数组 ……………………………… 148
5.6.2 continue 语句 ……………………… 94	8.4.1 指针与字符数组 …………………… 148
5.6.3 goto 语句 …………………………… 95	8.4.2 指针与其他类型数组 ……………… 149
5.7 程序举例 ……………………………………… 96	8.4.3 指针与二维数组 …………………… 149
本章小结 …………………………………………… 98	8.5 指针与函数 ……………………………… 151
习题五 ……………………………………………… 99	8.5.1 指针作为函数的参数 ……………… 151
第 6 章 数组 ………………………………… 106	8.5.2 函数指针 …………………………… 152
6.1 数组的基本概念 ……………………………… 106	8.5.3 返回指针的函数 …………………… 155
6.2 一维数组 ……………………………………… 107	8.6 程序示例 ………………………………… 156
6.3 二维数组和多维数组 ………………………… 109	本章小结 ……………………………………… 161
6.4 字符数组与字符串 …………………………… 111	习题八 ………………………………………… 161
6.4.1 字符数组的定义、初始化和引用 … 111	**第 9 章 结构体、共用体与枚举** ………… 164
6.4.2 字符串函数 …………………………… 112	9.1 结构体 …………………………………… 164
6.5 程序举例 ……………………………………… 114	9.1.1 结构体类型的定义 ………………… 164
本章小结 ………………………………………… 120	9.1.2 结构体变量的定义和初始化 ……… 165
习题六 …………………………………………… 120	9.1.3 结构体变量的引用 ………………… 167
第 7 章 函数 ………………………………… 124	9.1.4 结构体数组 ………………………… 169
7.1 函数的定义和调用 …………………………… 124	9.1.5 结构体指针 ………………………… 173
7.1.1 函数定义 ……………………………… 124	9.1.6 结构体与函数 ……………………… 175
7.1.2 函数调用 ……………………………… 125	9.2 共用体 …………………………………… 180

9.2.1	共用体类型的定义	180	11.2.3 文件的关闭操作	209
9.2.2	共用体变量的说明和引用	180	11.2.4 文件的读写操作	210

9.2.1 共用体类型的定义 …………… 180
9.2.2 共用体变量的说明和引用 ……… 180
9.3 枚举类型 …………………………… 184
 9.3.1 枚举类型的定义 ………………… 185
 9.3.2 枚举变量的定义和引用 ………… 185
9.4 用户定义类型 ………………………… 186
9.5 程序举例 ……………………………… 187
本章小结 …………………………………… 190
习题九 ……………………………………… 191

第 10 章 位运算 ……………………………… 197
10.1 几个基本概念 ……………………… 197
 10.1.1 字节与位 ……………………… 197
 10.1.2 原码 …………………………… 197
 10.1.3 反码 …………………………… 198
 10.1.4 补码 …………………………… 198
10.2 位运算符和位运算 ………………… 198
 10.2.1 按位取反 ……………………… 199
 10.2.2 按位与 ………………………… 199
 10.2.3 按位或 ………………………… 199
 10.2.4 按位异或 ……………………… 199
 10.2.5 左位移 ………………………… 200
 10.2.6 右位移 ………………………… 200
10.3 程序举例 …………………………… 200
本章小结 …………………………………… 202
习题十 ……………………………………… 202

第 11 章 文件 ………………………………… 205
11.1 文件概述 …………………………… 205
 11.1.1 文件的概念 …………………… 205
 11.1.2 文件的分类 …………………… 205
11.2 文件操作 …………………………… 207
 11.2.1 FILE 文件类型指针 …………… 207
 11.2.2 文件的打开操作 ……………… 207

 11.2.3 文件的关闭操作 ……………… 209
 11.2.4 文件的读写操作 ……………… 210
11.3 文件的定位 ………………………… 217
 11.3.1 置文件位置指针于文件开头位置
  的函数 rewind …………………… 217
 11.3.2 改变文件位置指针位置的函数
  fseek ……………………………… 218
 11.3.3 取得文件当前位置的函数 ftell … 218
 11.3.4 文件的错误检测 ……………… 218
11.4 编译预处理 ………………………… 219
 11.4.1 宏定义 ………………………… 219
 11.4.2 文件包含 ……………………… 222
 11.4.3 条件编译 ……………………… 222
11.5 程序举例 …………………………… 224
本章小结 …………………………………… 226
习题十一 …………………………………… 226

第 12 章 面向对象及 C++简介 ……………… 229
12.1 C++概述 …………………………… 229
 12.1.1 C++语言的发展 ……………… 229
 12.1.2 C++语言的特点 ……………… 230
 12.1.3 面向对象程序设计概述 ……… 230
12.2 C++程序结构 ……………………… 233
 12.2.1 几个简单的 C++程序 ………… 233
 12.2.2 C++程序的基本组成 ………… 234
 12.2.3 数据的输入和输出 …………… 235
本章小结 …………………………………… 237
习题十二 …………………………………… 238

附录 A 常用字符与 ASCII 码对照表 ……… 240
附录 B Turbo C 2.0 常用库函数 …………… 241
附录 C Turbo C 2.0 和 Visual C++在编辑 C 程序时
 的区别 ……………………………… 248
参考文献 …………………………………… 249

第 1 章　C 语言概述

- 理解计算机语言及程序设计的基本概念
- 了解 C 语言的形成、发展和基本特点，掌握 C 语言程序的基本结构和组成
- 掌握计算机算法的基本概念和算法描述的基本工具，学会运用传统流程图描述一个具体的算法
- 熟悉 C 语言编程环境 Turbo C 2.0 和 Visual C++ 6.0 的控制台程序开发

1.1　程序设计的基本概念

计算机系统由硬件系统和软件系统构成，其中软件系统主要由程序组成，没有软件的计算机系统几乎做不了任何事情。软件来源于程序开发，而程序开发的平台是各种计算机程序设计语言。

1.1.1　程序的概念

日常词汇中，"程序"是事情进行的先后次序，例如"工作程序"、"法律程序"等。计算机程序指的是存储在计算机中的可以被计算机识别并运行的一系列指令。

人们为了完成某种任务而编写一系列指令的过程就是程序设计。由于任务的复杂性和多样性，程序设计一般很难做到一次就能达到要求，程序设计过程中还需要不断地修改和完善，这个过程称为调试和测试。

1.1.2　程序设计的一般过程

程序设计的过程通常包括：问题分析与描述、编写程序代码、运行与调试。

问题分析与描述是在对问题理解的基础上进行数据描述和功能描述，进而为编写代码提供依据，指定任务。

编写代码阶段是问题在计算机上实现的过程，就像把人的思想写成有条理的文字一样。

运行与调试的过程是验证代码正确与否的过程，也是代码和计算机硬件契合的过程。软件毕竟需要在硬件系统上执行，其运行过程与结果是否符合需求还需要进一步的验证。

C语言程序的设计过程可以用框图描述，如图1-1所示。

1.1.3　程序设计的方法

程序设计方法主要包括面向过程的程序设计方法和面向对象的程序设计方法。

面向过程是指把程序代码的编写看成是对数据加工的过程，采用"自顶向下、逐步求精"的方法,按层次对系统进行模块划分,从而实现复杂问题的模块化解决方案。

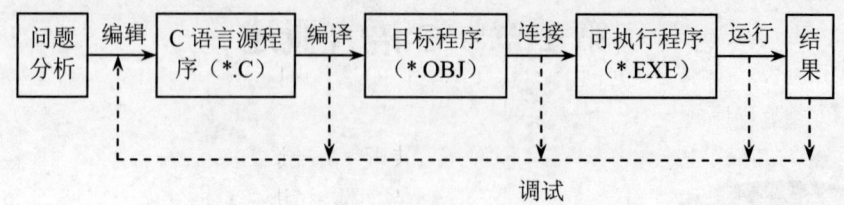

图 1-1 C 语言程序的设计过程

面向对象是当今比较流行的软件设计和开发技术,包括面向对象的分析、设计、编程、测试和维护等。其不同于面向过程的主要特点在于"代码重用"问题的解决方案。

当软件系统逐渐增大,功能不断增加和复杂时,按功能的模块化划分设计会越来越困难,设计完成的系统也难以维护和不稳定,而面向对象的程序设计方法是更好的选择。

面向对象则是从数据入手,以数据为中心来描述系统,将人类的日常生活习惯和思维方式贯穿在程序设计之中,用"对象"描述事物,用"属性"和"方法"描述对象的特征和行为,用"类"抽象化"对象"。面向对象所建立的系统模型其实是现实世界事物在计算机中的模拟和组织,或者说是为了完成特定的任务而设计的一种数据模型及其实现,所以更容易理解和应用。

1.2 C 语言概况

1.2.1 C 语言的发展

C 语言是国际上流行的计算机高级程序设计语言。与其他高级语言相比,C 语言的硬件控制能力和运算表达能力强,可移植性好,效率高。所以,C 语言仍然是当今最流行、最受欢迎的计算机语言之一,应用面非常广,许多大型软件都使用 C 语言编写。

C 语言起源于一种面向问题的高级语言——ALGOL60 语言。1963 年英国剑桥大学推出 CPL 语言,此语言在 ALGOL 语言的基础上增加了硬件处理能力,同年剑桥大学的马丁·理查德对其简化,提出 BCPL 语言;1970 年美国贝尔实验室的肯·汤姆逊进一步简化,提出了 B 语言(取 BCPL 的第一个字母);1972 年美国贝尔实验室的布朗·W·卡尼汉和丹尼斯·M·利奇对其完善和扩充,提出了 C 语言(取 BCPL 的第二个字母);1987 年美国标准化协会制定了 C 语言标准"ANSI C",即现在流行的 C 语言。

用 C 语言开发的系统非常多,例如 UNIX、dBASE 以及 Windows 和 Office 的核心程序等。

本书以 Turbo C 2.0 和 Visual C++ 6.0 为学习平台,后面将分别简称为 TC 和 VC。部分程序在两个平台上运行结果稍有不同,不同之处在书中都作了说明。

1.2.2 C 语言的特点

C 语言具有以下基本特点:

(1) C 语言是具有低级语言功能的高级语言。C 语言既具有高级语言的功能,又具有低级语言的许多功能。它把高级语言的基本结构和语句与低级语言的实用性结合起来，是处于汇编语言和高级语言之间的一种程序设计语言，也可称其为"中级语言"。

（2）C 语言简洁、紧凑，使用方便、灵活。C 语言一共只有 32 个关键词、9 种控制语句，另外 TC 和 VC 都作了增强和扩展。C 程序书写形式自由，主要用小写字母表示，相对于其他高级语言源程序短。

（3）运算符丰富，表达式能力强。C 语言共有 34 种运算符，范围广泛，除一般高级语言所使用的算术、关系和逻辑运算符外，还可以实现以二进制位为单位的运算，并且具有如 a++、--b 等单项运算符和+=、-=、*=、/=等复合运算符等。

（4）数据结构丰富，便于数据的描述与存储。C 语言具有丰富的数据结构，其数据类型有整型、实型、字符型、数组类型、指针类型、结构体类型、共用体类型等，因此能实现复杂的数据结构的运算。

（5）C 语言是结构化、模块化的编程语言。程序的逻辑结构可以使用顺序、分支和循环 3 种基本结构组成。C 语言程序采用函数结构，十分便于把整体程序分割成若干相对独立的功能模块，并且为程序模块间的相互调用以及数据传递提供了便利。

（6）可使用宏定义。C 语言程序中，可使用宏定义编译预处理语句、条件编译预处理语句，为编程提供了方便。

（7）可移植性好。与汇编语言相比，C 程序基本上不作修改就可以运行于各种型号的计算机和各种操作系统。

（8）不足。C 语言也存在一些不足之处，例如运算符及其优先级过多、语法定义不严格等，对于初学者来说有一定的困难。

由于 C 语言具有上述特点，因此 C 语言得到了迅速推广，成为人们编写大型软件的首选语言之一。许多原来用汇编语言处理的问题可以用 C 语言来处理了。

1.3 简单的 C 语言程序

我们先通过一个简单的 C 程序来了解一下 C 程序。

【例 1-1】在计算机屏幕上输出"Hello,World!"

```
/*  e1_1.C  */
#include "stdio.h"
int main()
{
  printf("Hello World!\n");

  return 0;
}
```

程序的运行结果如图 1-1 所示。

```
Hello World!
Press any key to continue
```

图 1-2　例 1-1 的运行结果

程序中 main 是主函数名，C 语言规定必须用 main 作为主函数名，函数名后的一对圆括号不能省略，圆括号中内容可以是空的。一个 C 程序可以包含任意多个函数，但必须有且只有一个主函数。一个 C 程序总是从主函数开始执行，最后在主函数结束。函数体需要用花括号括起来，左括号表示函数体的开始，右括号表示函数体的结束。其间可以有定义（说明）部分和执行语句部分；每一条语句都必须用分号";"结束，语句的数量不限，程序中由这些语句向计算机系统发出指令，本程序函数体内只有一条输出语句，双引号内的内容原样输出，"\n"表示输出字符后换行。

main()前面的 int 表示主函数的数据类型是整型，return 0 表示函数返回值为 0。

#include "stdio.h"是一条预处理命令，用"#"号开头，后面不能加";"号，stdio.h 是系统提供的头文件，其中包含有关输入输出函数的信息。

以上是在 VC 下的运行结果，TC 下基本相同，不过没有最后一句提示"Press any key to continue"。

【例 1-2】已知圆的半径，求圆的周长和面积。

```
/*  e1_2.C  */
#include "stdio.h"
void main()
{
    int r;                      /*说明圆半径 r 为整型变量*/
    float l,s;                  /*说明周长 l、面积 s 为实型变量*/
    r=5;                        /*给半径 r 赋初值*/
    l=2 * 3.14159 * r;          /*计算 l 的值*/
    s=3.14159 * r * r;          /*计算 s 的值*/
    printf("r=%d,l=%f,s=%f\n",r,l,s);   /*输出圆的半径、周长和面积*/
}
```

程序的运行结果如图 1-3 所示。

```
r=5,l=31.415899,s=78.539750
Press any key to continue_
```

图 1-3 例 1-2 的运行结果

程序中首先定义了 3 个变量，其中 r 为整型变量，l、s 为实型变量。然后设置 r 的值，并根据 r 的值计算圆的周长和面积。输出语句中的"%d,%f"为输出格式符，分别表示十进制整型和实型，它指定输出结果时的数据类型和格式，程序在执行时，该位置由具体数据替代。

程序中的/*……*/表示注释部分，作用是帮助用户阅读程序，它对程序的运行不起作用，在对源程序进行编译时，注释会被忽略。"/*"和"*/"必须成对出现，且"/"和"*"之间不能有空格，注释内容可以是西文，也可以是中文，注释通常用于说明变量的含义、程序段的功能。注释部分可以放在程序中任意合适的位置，一个好的程序应该有必要的注释，这样可以增加可读性。

主函数的类型为 void，表示是空类型，C 语言规定：空类型的函数不需要返回值。

【例 1-3】输入矩形的两条边长，求矩形的面积。

```
/*  e1_3.C  */
```

```
#include "stdio.h"
void main()
{
int a,b,s;
scanf("%d,%d",&a,&b);              /*输入矩形的两条边长*/
s=area(a,b);                       /*调用函数area*/
printf("area is %d\n",s);          /*输出矩形的面积*/
 }

int  area(int a,int b)             /*定义子函数求矩形的面积*/
{
int s;
s=a*b;
return  s;                         /*返回矩形面积的值*/
}
```

程序的运行结果如图1-4所示。

```
10,20
area is 200
Press any key to continue
```

图1-4 例1-3的运行结果

本程序由主函数 main 和被调用函数 area 组成，在主函数中输入两条边长 a、b，然后通过语句 s=area(x,y) 调用函数 area，计算结果由 return 语句返回给主函数。这两个函数在位置上是独立的，可以把主函数 main 放在前面，也可以把主函数 main 放在函数 area 的后面。

scanf 和 printf 是 C 语言提供的标准输入输出函数，&a 和&b 中的"&"的含义是取地址，程序中 scanf 函数的作用是将从键盘上键入的两个数输入到变量 a 和 b 所标志的内存单元中，或者称对 a、b 赋值。

注意：图1-4中，"10,20"是在程序运行后输入的，"area is 200"是输入后的运行结果。

通过以上3个C程序的例子，可以看出：

（1）C 程序由函数组成。每个 C 程序有且仅有一个主函数，该主函数的函数名规定为 main。一个C程序由一个 main 函数和若干个子函数构成。

（2）函数可分为两部分：函数说明和函数体。

函数说明的形式：

```
函数类型 函数名(形式参数列表)
{
   函数体
}
```

（3）C 程序的书写格式自由，一行内可以写几条语句，一条语句也可以写在多行上，每条语句后必须以 ";" 作为语句的结束。多条语句构成的复合语句要以一对{}括起来。

（4）C 程序的执行总是从主函数 main 开始，并在主函数中结束。主函数的位置在程序中是任意的，其他函数总是通过函数调用语句来执行。

（5）主函数可以调用任何其他函数，任何非主函数之间也可以相互调用，但是均不能调用主函数。

（6）C 语言本身没有输入输出语句。输入和输出操作是由调用系统提供的输入输出函数来完成的。

（7）可以用/*……*/对 C 程序中的任何部分作注释。

本书中程序文件的命名采用以下格式：e1_1.c、e1_2.c 等，其中下划线前面的数字表示章节序号，下划线后面的数字表示该示例在章节中的顺序号。统一的命名易于查找和比较。

1.4 算法

1.4.1 算法概述

1. 算法的含义

算法是指解决问题的方法和步骤。编写程序是让计算机解决实际问题，是算法的程序实现。一般编制正确的计算机程序必须具备两个基本条件：一是掌握一门计算机高级语言的规则，二是要掌握解题的方法和步骤。

计算机语言只是一种工具。简单地掌握语言的语法规则是不够的，最重要的是学会针对各种类型的问题拟定出有效的解题方法和步骤的算法。

正确的算法有以下几个特征：

（1）可行性：每一个逻辑块必须由可以实现的语句来完成。

（2）确定性：算法中每一步骤都必须有明确定义，不允许有模棱两可的解释，不允许有多义性。

（3）有穷性：算法必须能在有限的时间内做完，即能在执行有限个步骤后终止，包括合理的执行时间的含义；算法要能终止，不能造成死循环。

（4）输入输出：算法应该需要和提供足够的情报，可以有 0 或多个输入，1 或多个输出。

下列过程就不是一个正确的算法：

第 1 步：令 n 等于 0。

第 2 步：n 加 1。

第 3 步：转向第 2 步。

如果利用计算机执行此过程，从理论上讲，计算机将永远执行下去，即死循环。

而下列过程就是一个正确的算法：

第 1 步：令 n 等于 0。

第 2 步：n 加 1。

第 3 步：如果 n 小于 100，则转向第 2 步；否则停止。

实质上，算法反映的是解决问题的思路。许多问题，只要仔细分析对象数据，就容易找到处理方法。

1.4.2 算法的表示

算法的表示方法有很多，主要有传统流程图、N-S 图、伪代码、自然语言和计算机程序语言等。这里重点介绍传统流程图和 N-S 图。

1. 传统流程图

用图形表示算法，直观形象，易于理解。流程图是用一些图框来表示各种操作。美国国家标准化协会 ANSI 规定了一些常用的流程图符号，如图 1-5 所示。

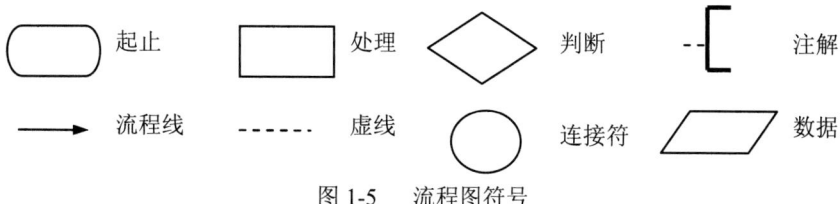

图 1-5　流程图符号

图 1-5 中菱形框的作用是对一个给定的条件进行判断，根据给定的条件是否成立来决定如何执行其后的操作。它有一个入口、两个出口，其流程如图 1-6 所示。

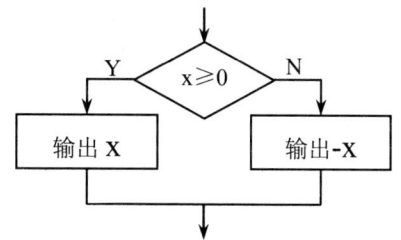

图 1-6　条件判断示意图

菱形框两侧的"Y"和"N"表示"是"（YES）和"否"（NO）。

【例 1-4】画出求 1+2+3+…+100 之和的流程图。流程图如图 1-7 所示。

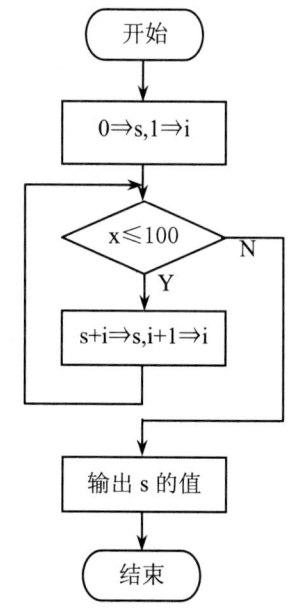

图 1-7　例 1-4 的流程图

2. N-S 图

1973 年美国学者提出了一种新的流程图形式，即 N-S 图在这种流程图里，完全去掉了带箭头的流程线。全部算法写在一个矩形框内，在框内还可以包含其他从属于它的方框，即由一些基本的框组成一个大框。这种流程图适于结构化程序设计算法的描述。

N-S 流程图用以下流程图符号：

（1）顺序结构。用图 1-8 形式表示。A 和 B 两个框表示了顺序结构。

（2）选择结构。用图 1-9 形式表示。当 P 条件成立时执行 A 操作，当 P 条件不成立时执行 B 操作。

（3）循环结构。循环结构分为当型循环和直到型循环，当型循环如图 1-10 所示，当条件 P 成立时反复执行 A 操作，当条件 P 不成立时结束循环；直到型循环结构如图 1-11 所示，反复执行 A 操作，直到条件 P 成立。实际上也是当 P 不成立时退出循环，只是 A 至少执行一次。

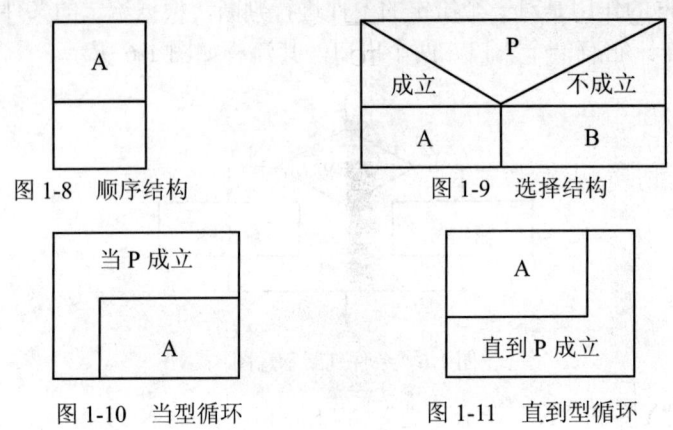

图 1-8　顺序结构　　　　　　图 1-9　选择结构

图 1-10　当型循环　　　　　　图 1-11　直到型循环

例 1-4 的 N-S 图如图 1-12 所示。

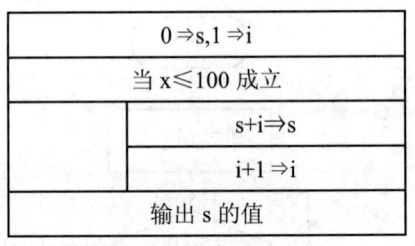

图 1-12　N-S 流程图

1.5　C 语言编程环境

1.5.1　Turbo C 2.0 编程环境

1．安装

在磁盘上（例如 C 盘）建立一个 TC 子文件夹，将 TC 系统拷贝至该文件夹下，文件结构如图 1-13 所示。

图 1-13 中的 Tc.exe 是系统的主程序。

2．编程环境及使用

双击 Tc.exe 进入编程环境，如图 1-14 所示。

图 1-13　TC 系统文件夹

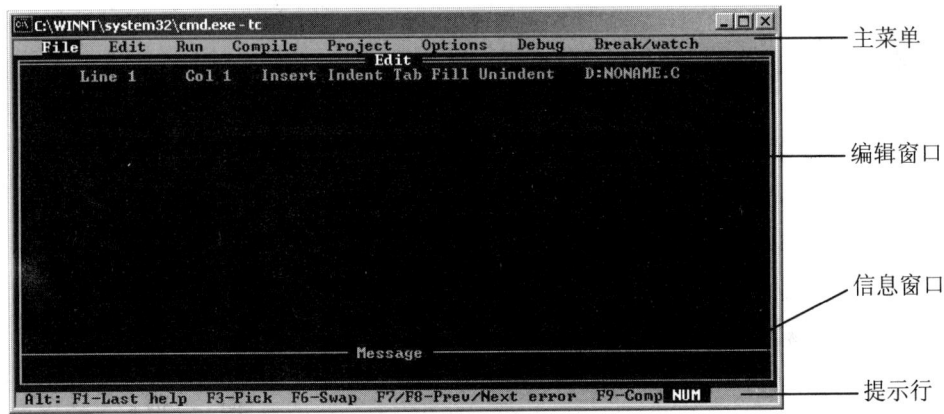

图 1-14　TC 编程环境界面

由图 1-14 可见，Turbo C 2.0 的主屏幕分为以下 4 部分：

（1）主菜单：屏幕顶行，共有 8 项，分别是文件操作、编辑、运行、编译、项目文件、选项、调试、中断/观察。其中，除了 Edit 之外，其他每个菜单项都有一个下拉式子菜单，Turbo C 2.0 提供的全部功能均可通过选择菜单来完成操作。

（2）编辑窗口：屏幕的中间部分，对源程序的所有编辑工作都是在这个区域内进行的。编辑窗口第一行是编辑状态提示行，指明了当前程序的编辑状态。

（3）信息窗口：在对程序进行编译连接时，专门用于显示错误信息和警告信息。在调试程序时，作为监视窗口可显示表达式和变量的当前值。

（4）功能键提示行：屏幕最底行，说明了在 Turbo C 2.0 集成开发环境下常用的 7 个功能热键（所谓热键，是指在任何时候都有效的键）的功能。C 语言中功能键 F1～F10 都是热键，功能分别如表 1-1 所示。

表 1-1　热键功能

热键	功能
F1	激活帮助窗口，显示与当前光标所在位置有关的操作提示信息
F2	将当前文件以指定的文件名存盘

热键	功能
F3	装入指定文件
F4	将程序执行到光标所在的行暂停
F5	缩放当前窗口
F6	切换活动窗口
F7	调试程序，执行单步操作，可进入被调用函数
F8	调试程序，执行单步操作，不进入被调用函数
F9	编译、连接源程序，生成可执行文件
F10	激活主菜单
Esc	返回

除上表外，还有几个常用的快捷键：

Ctrl+F9：运行程序。

Alt+F5：用户窗口，用来查看运行结果。

Alt+X：退出 TC。

Ctrl+Y：删除光标所在的一行。

Alt+F3：选择一个最近打开的文件。

Home、End：光标分别移到行首和行尾。

Ctrl+Home、Ctrl+End：光标分别移到文首和文尾。

TC 环境可能需要进行一个重要的配置，选择 Options→Directories 命令，如图 1-15 所示。其中 Include directories 和 Library directories 所对应的文件夹必须是实际存在的文件夹，最好是 TC 系统所在的文件夹，请读者参考设置。设置完成后需要立即选择 Options→Save options 命令进行保存操作，界面如图 1-16 所示。配置信息将保存在 TCONFIG.TC 文件中。

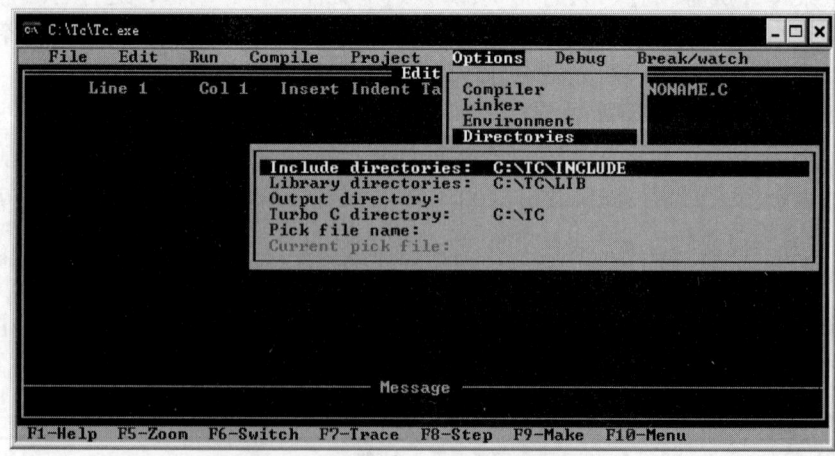

图 1-15　设置头文件和库文件目录界面

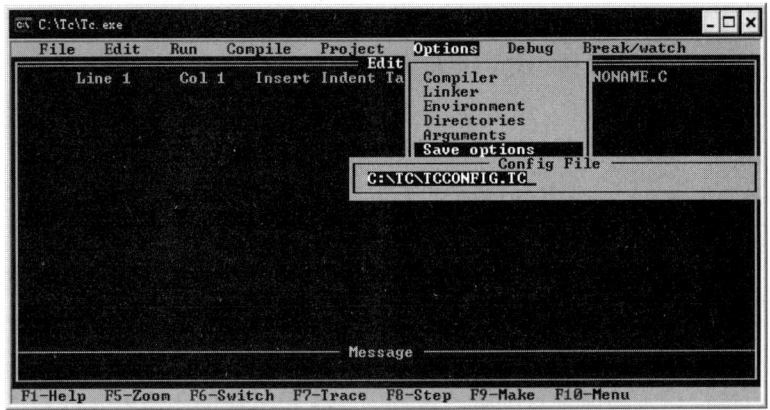

图 1-16　保存设置的界面

1.5.2　Visual C++ 6.0 编程环境

Visual C++ 6.0 是美国微软公司开发的 C++集成开发环境，它集源程序的编写、编译、连接、调试、运行，以及应用程序的文件管理于一体，是当前 PC 机上最流行的 C++程序开发环境。Visual C++ 6.0 也可以编写控制台程序，系统中也包含 C 语言的编译器，可以用来编译 C 程序，不过要求源程序文件的扩展名必须是.C。

1．Visual C++ 6.0 界面

Visual C++ 6.0 集成开发环境被划分成 4 个主要区域：菜单栏和工具栏、工作区窗口、代码编辑窗口和输出窗口，如图 1-17 所示。

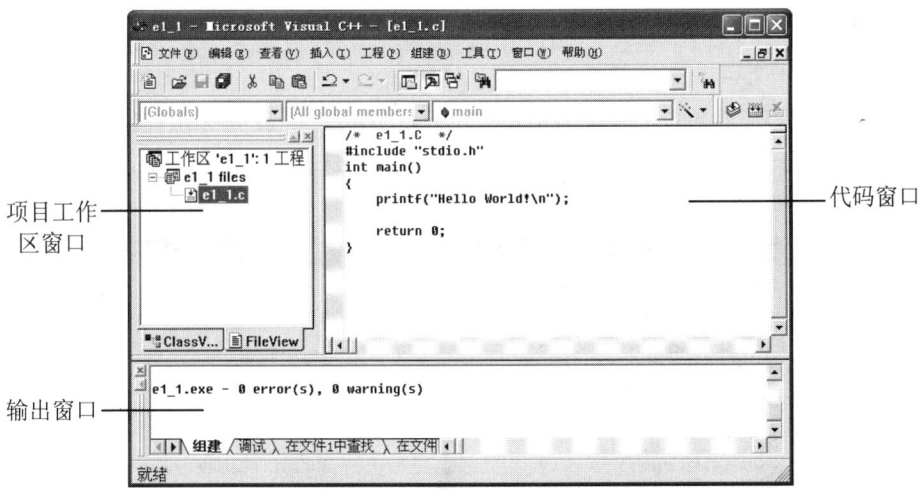

图 1-17　Visual C++ 集成开发环境

（1）菜单栏。Visual C++菜单栏包含了开发环境中几乎所有的命令，它为用户提供了代码操作、程序的编译、调试、窗口操作等一系列的功能。与一般 Windows 应用程序一样有文件、编辑、视图、插入、工程、编译、工具、窗口、帮助等菜单。

（2）工具栏。通过工具栏，可以迅速地使用常用的菜单命令。最常用的工具栏是标准工具栏，当鼠标指向这些工具时，通常有信息提示工具的含义，因此也比较容易掌握。若要

显示或隐藏某个工具栏，则在任一工具栏的快捷菜单中选择相应的命令即可。

（3）项目工作区。项目是开发一个程序时需要的所有文件的集合，而工作区是进行项目组织的工作空间。利用项目工作区窗口可以观察和存取项目的各个组成部分。在 Visual C++中，一个工作区可以包含多个项目。

项目工作区有 Class View、Resource 和 File View 三个选项卡，分别用来浏览当前项目所包含的类、资源和文件。

在 Visual C++中，项目中所有的源文件都是采用文件夹的方式进行管理的，它将项目名作为文件夹，在此文件夹下包含源程序代码文件（.cpp、.h）、项目文件（.dsp）以及项目工作区文件（.dsw）等。若要打开一个项目，只需打开对应的项目工作区文件即可。

1）Class View：显示当前项目的类，全局的变量和函数也在这里显示。

2）File View：显示当前项目的源文件、头文件、资源文件等。

（4）代码窗口。一般位于开发环境中的右边，各种程序代码的源文件、资源文件、文档文件等都可以通过该窗口显示。

（5）输出区。输出区有多个选项卡，最常用的是"编译"。在编译、连接时，这里会显示有关的信息，供调试程序用。

（6）状态栏。状态栏一般位于开发环境的最底部，它用来显示当前操作状态、注释、文本光标所在的行、列号等信息。

2．C 程序的开发过程

在 Visual C++中，一个简单 C 程序的编写、运行过程是：创建一个空工程→创建一个 C 源文件，输入源程序→进行编译、连接、运行。

操作步骤如下：

（1）创建空工程。

1）选择"文件"→"新建"命令。

2）选择"工程"选项卡，选择 Win32 Console Application（32 位控制台应用程序），输入工程名 e1_1，确保单选按钮"创建新的工作空间"被选定，输入工程位置 c:\test\e1_1，注意 c:\test 文件夹需要事先建好，如图 1-18 所示。

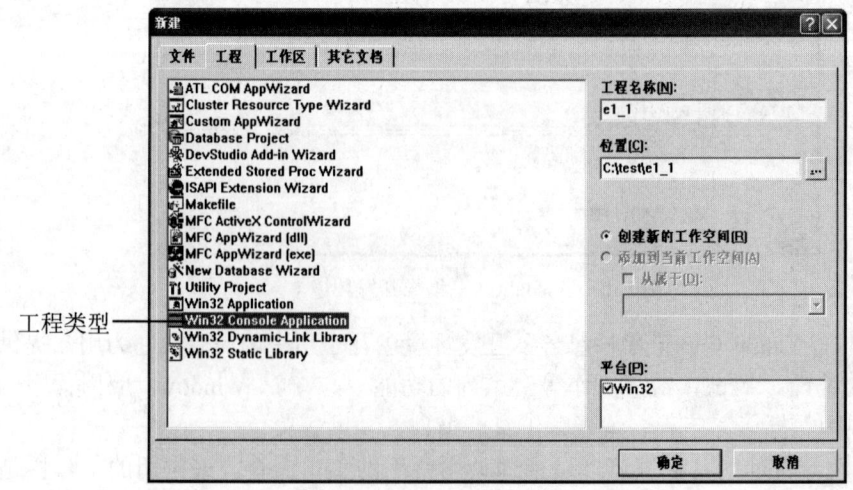

图 1-18　"新建"对话框

3）在随后弹出的向导对话框中，选择"一个空工程"，并单击"完成"按钮，显示新建工程的有关信息。

4）单击"确定"按钮，创建空工程的工作结束。

此时为工程 e1_1 创建了 c:\test\e1_1 文件夹，并在其中生成了 e1_1.dsp、e1_1.dsw、Debug 文件夹。Debug 文件夹用于存放编译、连接过程中产生的文件。

（2）创建 C 源文件。

1）选择"文件"→"新建"命令。

2）选定"文件"选项卡，选定 C++ Source File，并输入源程序文件名 e1_1.c，如图 1-19 所示。

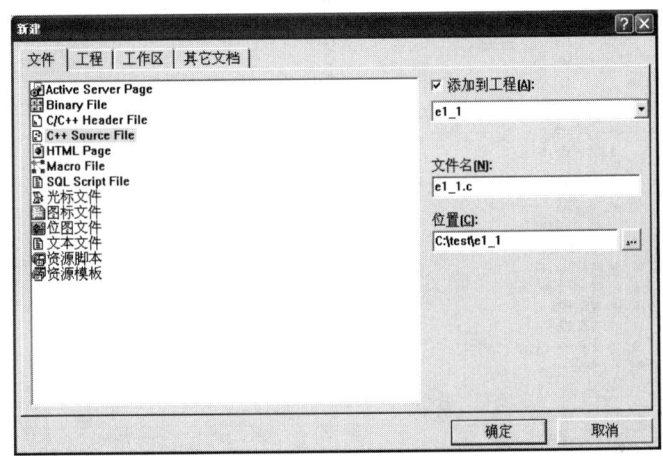

图 1-19　新建 C++ Source File 对话框

3）输入、编辑源程序。

在这个阶段中，c:\test\e1_1 文件夹中创建了 e1_1.c。

（3）编译、连接和运行。

选择"编译"→"执行 e1_1.exe"命令进行编译、连接和运行，会在输出区中显示有关信息，如图 1-20 所示。若程序有错，则进行编辑。

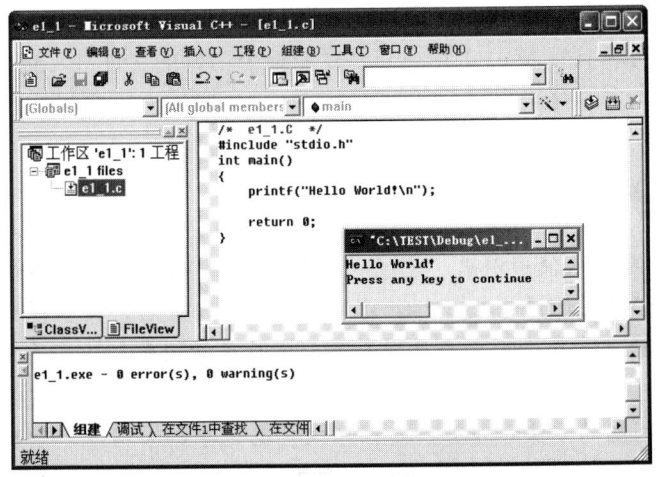

图 1-20　编译和运行的界面

编译、连接和运行可以分别执行。

1）编译（Ctrl+F7）。选择"编译"→"编译 e1_1.c"命令，编译结果显示在输出区中，如果没有错误，则生成 e1_1.obj。

2）连接（F7）。选择"编译"→"构建 e1_1.exe"命令，连接信息显示在输出区中，如果没有错误，则生成 e1_1.exe。

3）运行（Ctrl+F5）。选择"编译"→"执行 e1_1.exe"命令。

e1_1 工程的文件夹如图1-21所示。

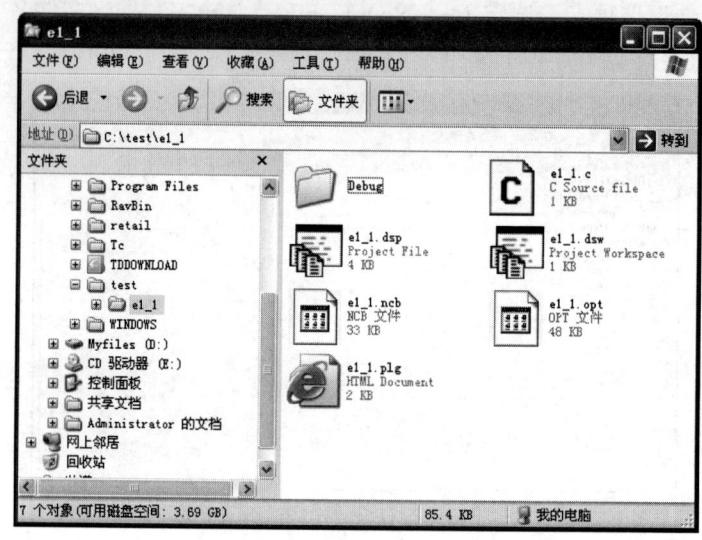

图1-21 e1_1 工程的文件夹

在 c:\test\e1_1\Debug 中生成了 e1_1.obj、e1_1.exe 等文件。e1_1.obj 是编译后产生的目标代码文件，e1_1.exe 是最终生成的可执行文件。

至此，一个简单 C 程序的编写、调试过程结束。

e1_1.c 文件是最重要的一个文件，源程序保存在这个文件中，其他文件一般都是系统自动生成的。但是，在 Visual C++中，仅有.c 文件是不能直接编译、连接的，需要首先用"构建"命令让系统自动创建一个工程并将 e1_1.c 文件加入到该工程中，然后才能执行各种操作。因此，程序员可以只复制.c 文件，若要复制整个工程的文件夹，也请删除 Debug 文件夹，因为它占有相当多的存储空间。

C 语言自 1972 年投入使用以来，已经成为 UNIX 和 XENIX 操作系统的主要语言，是当今最为广泛使用的程序设计语言之一。C 语言具有简洁、灵活、运算符和数据类型丰富等特点；一个正确的 C 语言程序由一个主函数和若干个子函数组成，从主函数开始运行，最后在主函数结束。

算法是指解决问题的方法和步骤，是程序设计的精华和核心，一个算法具有有穷性、确定性、输入输出和可行性等特征；算法描述工具很多，主要有传统流程图、N-S 图、伪代码、自然语言和计算机程序语言等,其中传统流程图结构清晰、模块明了,是本章学习的重点,本书后续各章中全部使用传统流程图来描述算法。

本章介绍了 C 语言的两个编程环境 Turbo C 2.0 和 Visual C++ 6.0,作为 C 语言的学习,最好对这两个环境都能熟悉。

1. C 语言的主要特点是什么?
2. 请参照本章例题编写一个 C 程序,输出以下信息:
   ```
   ******************************
       This is my first c program.
   ******************************
   ```
3. C 语言源程序文件、目标文件和可执行文件的扩展名是什么?
4. 用 Turbo C 2.0 或 Visual C++ 6.0 调试本章的 3 个程序。

第 2 章　数据类型、运算符和表达式

- 掌握 C 语言的基本数据类型
- 掌握标识符、关键字、常量和变量的使用
- 掌握运算符、表达式以及数据类型之间的转换等
- 掌握简单数据的输入输出

2.1　数据类型

2.1.1　数据类型概述

不同数据有不同的特性，需要加以类型区分。

例如学生的姓名不能进行加减乘除数学运算，而成绩却可以；成绩可以有小数部分，而年龄没有。不同的计算机在存储相同类型的数据时也有差别，如整数类型在 16 位机器和 32 位机器中分别占 2 个和 4 个字节。所以，不同类型的数据存储形式不同，处理的方法和运算的形式也可能不同。

C 语言为我们提供了丰富的数据类型，详细情况如图 2-1 所示。

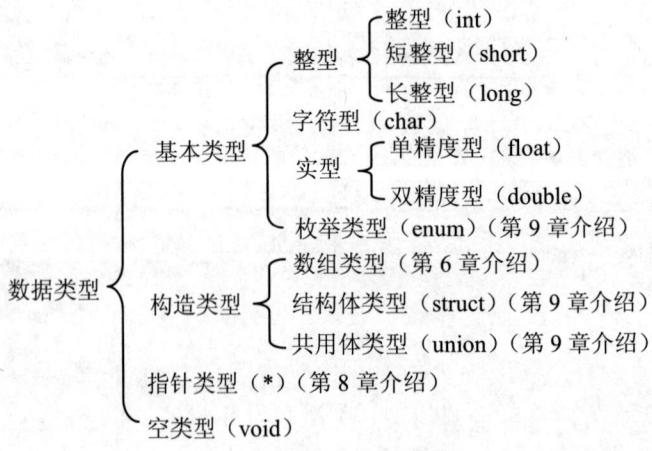

图 2-1　C 语言数据类型

（1）基本数据类型是 C 语言中最基本的数据类型，其数据不可以再分解为其他类型的数据。

（2）构造类型的数据可以分解成若干个"成员"或"元素"，每个"成员"可以是基本

数据类型的也可以是构造类型的。

（3）指针类型是 C 语言中一种重要的数据类型，它描述内存单元的地址。

（4）空类型是一种特殊的数据类型，一般用于对函数的类型说明。

本章主要介绍基本数据类型。

2.1.2 整数类型

整数类型简称整型，整型数据没有小数部分。

整型可分为：

（1）基本整型：用 int 表示。

（2）短整型：用 short int 或 short 表示。

（3）长整型：用 long int 或 long 表示。

在这些类型标识符之前还可以加上修饰符 unsigned，以表示数据是无符号数（0 和正整数），没有加 unsigned 的数据类型为有符号类型，可以描述正整数、负整数和 0。

C 语言没有规定各种整数类型的表示范围，也就是说，没有规定各种整数的二进制编码长度，即数据在内存中所占的位数。对于 int 和 long，只规定了 long 类型的表示范围不小于 int，但也允许它们表示范围相同。具体 C 语言系统会根据各个计算机系统的自身性能对整型和长整型规定明确的表示方式和表示范围。表 2-1 中列出了整数类型及相关数据。

表 2-1 整数类型

类型	字节数	取值范围
int	2（16 位）	-32768 ～ 32767，即 $-2^{15} \sim 2^{15}-1$
	4（32 位）	-2147483648 ～ 2147483647，即 $-2^{31} \sim 2^{31}-1$
unsigned int	2（16 位）	0 ～ 65535，即 $0 \sim 2^{16}-1$
	4（32 位）	0 ～ 4294967295，即 $0 \sim 2^{32}-1$
short	2	-32768 ～ 32767，即 $-2^{15} \sim 2^{15}-1$
unsigned short	2	0 ～ 65535，即 $0 \sim 2^{16}-1$
long	4	-2147483648 ～ 2147483647，即 $-2^{31} \sim 2^{31}-1$
unsigned long	4	0 ～ 4294967295，即 $0 \sim 2^{32}-1$

TC 运行模式类同 16 位机器，VC 运行模式类同 32 位机器。

2.1.3 实型

实数类型简称实型，有时又称浮点数据类型，包括：

（1）单精度浮点数类型：简称浮点类型，类型名为 float。

（2）双精度浮点数类型：简称双精度类型，类型名为 double。

（3）长双精度类型：类型名为 long double。

表 2-2 列出了浮点数的相关规定。

表 2-2 中所示的数值范围因机器也有微弱的差异，读者可以有针对性地进行测试。

表 2-2　实数类型

类型	字节数	有效数字	数值范围
float	4	7	$-3.4\times 10^{-38} \sim 3.4\times 10^{38}$
double	8	15	$-1.7\times 10^{-308} \sim 1.7\times 10^{308}$
long double	10	19	$-3.4\times 10^{-4932} \sim 3.4\times 10^{4932}$

2.1.4　字符型

字符类型的数据简称字符型数据。C 语言中用 char 表示，在内存中占一个字节。

字符数据的书写形式是用单引号括起的单个字符，例如用'a'、'B'、'4'分别表示 a、B、4 字符，这样的表示方法主要是为了和源程序中所用的其他字符相区别。

字符类型的数据包括计算机所用编码字符集中的所有字符。常用的 ASCII 字符集，其中的字符包括所有大小写英文字母、数字、各种标点符号字符，还有一些控制字符，一共 128 个。扩展的 ASCII 字符集包括 ASCII 字符集中的全部字符和另外的 128 个字符，总共 256 个字符。

字符类型数据在内存中存储的是它的 ASCII 码编码值，例如'A'和'8'分别存储 ASCII 值 65 和 56。一个字符通常占用内存一个字节。

除了占用的存储空间不同（因而数据的取值范围不同）以外，字符数据与整型数据是相似的。为了方便处理，C 语言规定字符类型与整型基本一致（后面我们将看到，在共同的取值范围内，他们是通用的），即也有有符号和无符号两种类型。

有符号字符类型用 char 表示，取值范围是-128～127。

无符号字符类型用 unsigned char 表示，取值范围是 0～255。

表 2-3 列出了字符类型的相关规定。由于 ASCII 码字符的取值范围是 0～127，因此既可以用 char 类型表示，也可以用 unsigned char 类型表示；扩展 ASCII 码字符的取值范围是 0～255，因此，在 128～255 范围内的扩展 ASCII 码字符只能用 unsigned char 类型表示。

表 2-3　字符类型

类型	字节数	取值范围
char	1	$-128 \sim 127$，即$-2^7 \sim 2^7-1$
unsigned char	1	$0 \sim 255$，即$0 \sim 2^8-1$

2.2　标识符、常量与变量

2.2.1　标识符

1. 标识符

所谓标识符是指程序中的变量、符号常量、数组、函数、类型、文件等对象的名字。在 C 语言中，标识符只能由字母、数字和下划线组成，且第一个字符必须为字母或下划线。具体使用规则如下：

（1）只能由下划线、数字与字母构成，且大小写敏感。如 Name 和 name 是两个不同的标识符。

（2）首个字符必须是字母或下划线，而不能是数字或其他符号。

（3）不能使用系统的关键字。因为关键字是系统保留的，它们已有特定的含义。

（4）系统预定义标识符，如预编译命令名（define、include）、系统函数名（scanf、printf、getchar、putchar）等可作为用户标识符，但建议不作他用。

（5）尽量做到"见名知义"，如 max、name 等，而不用像 abc、a1、a2 等标识符。

（6）避免使用易混字符，如 1、l、i；0、o；2、z 等。

2. 关键字

所谓关键字是指系统预定义的保留标识符，又称之为保留字。它们有特定的含义，不能再作其他用途使用。ANSI C 定义的关键字共 32 个：

auto	double	int	struct	break	else
long	switch	case	enum	register	typedef
char	extern	return	union	const	float
short	unsigned	continue	for	signed	void
default	goto	sizeof	volatile	do	if
while	static				

2.2.2 常量

C 语言中的数据有常量和变量之分。常量是指在程序运行中其值不能被改变的量。常量可分为不同的类型：

（1）直接常量：如整型常量、实型常量、字符型常量、字符串常量等。

（2）符号常量：用标识符定义的常量。

1. 整型常量

整型常量有 3 种进位制表示方法：

（1）十进制整型常量：同数学上的表示方法，如 168、-1、65535 等。

（2）八进制整型常量：以 0 开头，由数字 0~7 组成，如 0101、-045 等。

（3）十六进制整型常量：以 0x 或 0X 开头的数字序列表示十六进制数，如 0x12、0XEF 等。由于数字只有 10 个，而在十六进制写法中需要 0~15 共 16 个数字，超过 9 的数字不能用单个数字表示，C 语言采用计算机领域通用的方式，用字母 a~f（或 A~F）分别表示其余的 6 个十六进制数字，其对应关系如表 2-4 所示。

表 2-4 十六进制数字的表示方法

字母	a，A	b，B	c，C	d，D	e，E	f，F
表示的数字	10	11	12	13	14	15

注意：

① 如要说明是无符号类型则在数据后加 u 或 U、如 65535u、168U 等。如果说明为长整型，则在数据后面加 l 或 L，如-1L。

② 八进制、十进制和十六进制只是整数的不同书写形式，提供多种写法只是为了使用方便，我们可以根据需要选择适当的书写方式。

③ C语言中不用二进制形式表示整数。

④ C语言中，一般只使用无符号的八进制和十六进制数，而不使用有符号的八进制和十六进制数，因此没有专门的无符号八进制和十六进制标识符。

⑤ 以下是非法的整型常量：

09：0开头应该是八进制，但9不是合法的八进制数字。

0X6G：0X开头应该是十六进制，但G不是合法的十六进制数字。

⑥ 以下是合法的整型常量：

00000101：八进制，相当于十进制的65。

-012：八进制，相当于十进制的-10。

65535LU：十进制，无符号长整型。

0XFF：十六进制，相当于十进制的255。

2. 实型常量

在C语言中，实型常量只能用十进制形式表示，不能用八进制和十六进制形式表示。实型常量有两种表示方法：

（1）小数形式。由数字序列和小数点组成，如3.1415926、-0.15、.15、2.等都是合法的实型常量。

（2）指数形式。由十进制数加上阶码标志"e"或"E"及阶码组成，如3.14e-4或3.14E-4表示3.14×10^{-4}。

注意：

① 字母e或E之前的尾数部分必须有数字，例如E2是不合法的。

② e或E后面的指数部分必须是整数，指数部分无整数或为小数均是错误的，例如5e和5E-5.5均是不合法的表示。

C语言中，默认实型常量为double类型，若有后缀"f"或"F"，则为float类型。

3. 字符常量

字符型常量是由一对单引号括起来的单个字符构成，例如'A'、'b'、'8'等都是有效的字符型常量。一个字符型常量的存储值是该字符集中对应的ASCII编码值，常用字符的ASCII编码值如下：

- 字符'A'～'Z'的ASCII码值是65～90。
- 字符'a'～'z'的ASCII码值是97～122。
- 字符'0'～'9'的ASCII码值是48～57。
- 空格字符'□'的ASCII码值是32。

除可见字符以外，还有一些特殊的控制字符无法直接写出，C语言为它们规定了特殊写法：以反斜杠（\）开头的一个字符或一个数字序列，这类字符称为转义字符，如'\n'、'\214'等。

形式上，转义字符中的反斜杠（\）改变了其后面字符或数字的意义，本质上仍然对应ASCII表中的一个字符。表2-5列出了C语言中所有的转义字符及其含义，以及采用八进制和十六进制编码形式书写字符的形式。

表中用八进制和十六进制的字符表示方法也可以表示其他可见字符，例如下面的都是合法的转义字符：

\101：八进制形式，表示字符'A'。

\x41：十六进制形式，也表示字符'A'。

\12：八进制形式，表示换行，和'\n'意义相同。

表 2-5 转义字符表

转义字符	字符	ASCII 值		含义
		十进制	十六进制	
\a	BEL	7	0x07	响铃
\b	BS	8	0x08	退格（相当于 Backspace）
\f	FF	12	0x0C	换页
\n	LF	10	0x0A	换行
\r	CR	13	0x0D	回车（Enter）
\t	HT	9	0x09	水平制表符（Tab）
\v	VT	11	0x0B	纵向制表符
\0	空	0	0x00	空字符
\\	\	92	0x5C	反斜杠
\'	'	39	0x27	单引号
\"	"	34	0x22	双引号
\ddd	可表示任意字符	0～127	\000～\077	1 到 3 位八进制数所代表的字符
\xhh	可表示任意字符	0～127	\x00～\xFF	1 到 2 位十六进制数所代表的字符

注意：'0'是字符常量，其值对应 ASCII 码值 48，而 0 是整型常量，其值就是 0。

4. 字符串常量

字符串常量是由一对双引号括起的字符序列，例如"1234567"、"Hello World"等都是字符串常量。

注意：字符串常量与字符常量的区别：字符常量由单引号括起来，字符串常量由双引号括起来。

字符常量只占一个字节的内存空间。字符串常量存储串中所有字符和串结束标记'\0'，其 ASCII 值为 0，系统将根据该字符判断字符串是否结束，字符'\0'由系统自动加入到每个字符串的结束处。所以，字符串常量实际所占的内存字节数等于字符串中字符数加 1。例如，字符串常量"a"包含字符'a'和'\0'，占 2 个字节，其存储情况如图 2-2 所示。因此字符串常量"a"与字符常量'a'是不同的。

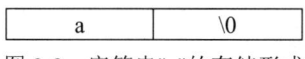

图 2-2 字符串"a"的存储形式

无论何种表示形式，字符常量只能表示单个字符；而字符串常量则可以含一个或多个字符，甚至还可以没有字符。例如""表示空字符串，由于包含'\0'，故仍占一个字节。

在字符串中也可以有转义字符，在字符串中转义字符也起到很重要的作用。例如，字符串"\\123\101"共有 5 个字符占 6 个字节，其中\\、\101 分别代表一个字符，输出为\123A；而"\\123\101\b"共有6 个字符占 7 个字节，但实际输出为\123，字符 A 被退格字符\b 删除了。

在汉字操作系统的支持下，C 语言程序中的注释文字和字符串可以包含汉字。例如用如下语句输出一句汉字信息：
```
printf("我喜欢C语言");
```
5. 符号常量

与以上直接常量相对应的还有"符号常量"。符号常量就是使用标识符定义一个常量，例如可用如下方法定义 PI 代表 3.14159。
```
#define PI 3.14159
```
这种常量定义在 C 语言中被称为"宏定义"，具体方法将在第 11 章中介绍。

【例 2-1】输入圆的半径，计算周长和面积。
```
/*  e2-1.C  */
#define PI 3.14159
void main()
{
    float r,c,s;
    scanf("%f",&r);
    c=2*PI*r;
    s=PI*r*r;
    printf("r=%f,c=%f,s=%f\n",r,c,s);   /*输出圆的半径、周长和面积*/
}
```
运行程序输入 5.5<回车>，结果如图 2-3 所示。

```
5.5
r=5.500000,c=34.557491,s=95.033097
Press any key to continue
```

图 2-3 例 2-1 的运行结果

从上例可以看出，定义符号常量的好处有：①意义明确；②便于统一修改。

2.2.3 变量

在程序运行过程中，其存储的值可以被改变的量称为变量。变量必须通过标识符进行说明，称为变量名。变量名和内存单元地址存在映射关系，程序可以通过变量名寻址，从而访问其存储的数据。

1. 变量的说明

在 C 语言中，变量说明的格式为：

数据类型 变量名1[,变量名2,…,变量名n];

其中[]括起来的部分为可选项，省略号为多次重复，如：
```
int  i,j,k;
float x;
long a,b,c;
```
变量具有 4 个基本要素：名字、类型、初值和作用域。

变量名为标识符的一种，符合标识符的命名规则。变量的名称尽可能简短并有一定的含义，例如 number、total 等。

变量的数据类型可以是基本数据类型，也可以是复杂数据类型，变量的数据类型不仅规定了变量所占内存空间的大小，也规定了该变量上的相应操作。

变量的作用域是指变量在程序中有定义的范围，即该变量名在某段代码区域是否有意义。变量在说明时由存储类型来规定其作用域，从作用域的角度出发，可将变量分为全局变量和局部变量。在函数内或在块语句内定义的变量只能在函数体内或块体内使用，所以被称为"局部变量"，这一部分内容将在后面函数章节中详细介绍。

变量赋初值。第1次使用变量时，变量必须有一个唯一确定的值，这个值即是变量的初值。给变量赋初值有两种方式：

（1）变量说明时直接赋初值，称为变量的初始化，如：

```
int a=10,b=9,c=6;
float x=3.0,y=1.0,z=2.0;
```

（2）用赋值语句赋初值，如：

```
float x;
x=10.0;
```

没有被赋值的变量其初值取决于存储类型，静态存储的变量将自动为 0，否则被随机初始化。

定义的变量可以被多次引用，其值可以被随时修改。

注意：

① 编译系统将对每一个变量根据它被定义的类型分配相应的存储单元（与变量的初始化一样，为普通变量分配存储单元也是在程序执行到本函数时完成的）。变量存储单元地址可用"&变量名"求得，例如"&a"表示变量 a 的地址。

② 可以用长度运算符 sizeof()求出任意类型变量存储单元的字节数。例如 TC 下 int 型变量 a 和 float 型变量 f，sizeof(a)和 sizeof(f)的值分别为 2 和 4。也可以用 sizeof()作用到类型标识符上，如 sizeof(int)和 sizeof(float)得到同样的结果。

③ 编译系统根据变量被定义的类型检查该变量进行运算的合法性。例如，上述整型变量 a、b、c 可以参与求余运算，a=b%c;是合法的，而实型变量 x 参加求余运算将是非法的。

④ 如果没有给变量赋初始值，普通变量将存储随机值，直到给它赋值为止。

2. 整型数据的存储

C 语言中的整型数据分为有符号和无符号两大类。

无符号整数按二进制存储，例如在 TC 下：

```
unsigned int a=65,b=65535;
```

占两个字节，a、b 分别存储为：

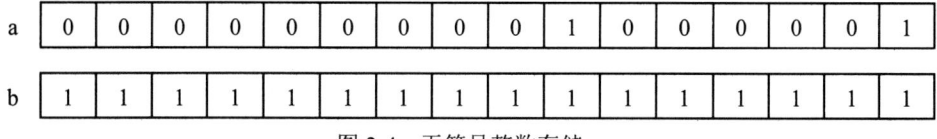

图 2-4 无符号整数存储

如果是有符号的整数：

```
int a=65,b=32767,c=-1;
```

占两个字节，a、b、c 分别存储为：

a	0	0	0	0	0	0	0	0	0	1	0	0	0	0	0	1
b	0	1	1	1	1	1	1	1	1	1	1	1	1	1	1	1
c	1	1	1	1	1	1	1	1	1	1	1	1	1	1	1	1

图 2-5　有符号整数补码存储

a、b 的存储和无符号一样，b 是有符号整数的最大数（32767）。c 的存储和无符号数完全不一样。

对于有符号整数，C 语言采用计算机领域通用的做法：用补码（complement）表示。假设 int 型整数 a 占 2 字节，16 位二进制数，规则如 2.1 式所示。

$$a\text{ 的补码} = \begin{cases} a & (0 \leq a \leq 32767) \\ 2^{16}-|a| & (-32768 \leq a < 0) \end{cases} \quad (2.1)$$

即：0 和正数的补码与其原码相同，负数的补码是借用 2^{16} 减去该数的绝对值（加该数）。例如上面的 c：$2^{16}-|c|$ 相当于 65536-1，即 65535，其二进制形式是 16 个 1。

2 字节的 int 型整数的补码如图 2-6 所示。

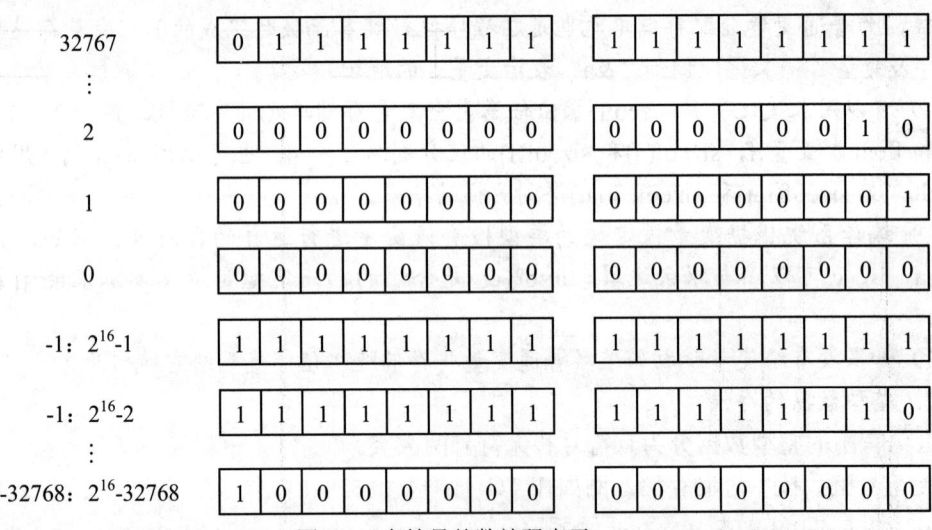

图 2-6　有符号整数补码表示

图 2-6 中 0～32767 可以直接转换成二进制。负数的转换步骤如下：

（1）取绝对值，如|-32768| 等于 32768。

（2）$2^{16}-|a|$，如 $2^{16}-|-32768|$ 等于 65536 – 32768 等于 32768。

（3）转换成二进制，如 10000000 00000000（32768 等于 2^{15}）。

也可以用下面的方法：

（1）取绝对值，如|-32768| 等于 32768。

（2）将|a|写成二进制形式，如 10000000 00000000。

（3）将各位取反（1 变成 0，0 变成 1），如 01111111 11111111。

（4）加 1，如 10000000 00000000。

负数的补码形式还原成十进制的步骤正好相反。例如，对于有符号负数的补码：
11111111 11111110
（1）减1，如 11111111 11111101。
（2）将各位取反（1 变成 0，0 变成 1），如 00000000 00000010。
（3）转换成十进制，如 2。
（4）加符号（与取绝对值相反的操作），如：-2。
对于 4 字节的整数，其道理是一样的。例如 long a=-2，其二进制补码为：
11111111 11111111 11111111 11111110
【思考】VC 下 int a=-7 的补码是什么？

3. 实型数据的存储

为了扩大表示数的范围，实型数据是按指数形式存储的，存储格式如图 2-7 所示。

符号位	尾数	阶符位	阶码

图 2-7 实数的存储示意图

尾数和阶码以十进制数表示，至于尾数和阶码各占多少二进制位，标准 C 并无具体规定。尾数部分占的位数越多，数的有效数字越多，精度越高；阶码占的位数越多，则能表示的数的范围越大，如图 2-8 所示。

-	3.1415926	-	05

图 2-8 实数 3.1415926×10^5 的存储示意图

4. 字符数据的存储与使用

在 C 语言中，字符类型数据的存储与整型数据的存储十分相似，也分成有符号和无符号两种，只是用一个字节 8 位二进制信息存储字符类型数据。

对于无符号字符类型（unsigned char）的数据直接存放 ASCII 码或扩展 ASCII 码。例如字符'A'的存储如图 2-9 所示。

0	1	0	0	0	0	0	1

图 2-9 字符'A'的存储

对于有符号字符类型（char）的数据也是用补码存储的，其特点也是：当首位为 0 时表示一个正数，当首位为 1 时表示一个负数。设有定义 char c;，c 的补码可用 2.2 式求出。

（2.2）

前面已经说过，在字符的 ASCII 码或扩展 ASCII 码的范围内，字符与整数是通用的。下面看例 2-2。

【例 2-2】演示字符数据的存储和引用。

```
#include <stdio.h>
void main()
{
```

```
        char c;
        int i;
        c='A';
        i=c;            /*将字符值赋给整型变量*/

        printf("c =%d,c= %c\n", c, c);
        printf("i =%d,i= %c\n", i, i);

        c=c+32;   /*'A'的ASCII码值为65,加上32得'a'的ASCII码值97*/
        printf("c=%c\n",c);

        c=0x80;   /*十六进制数,相当于十进制数128*/
        printf("c=%c,c=%d\n", c, c);
    }
```

运行程序,结果如图 2-10 所示。结果说明:字符值可以赋给整型变量,整数值也可以赋给字符变量;对应 ASCII 码值的整数可按字符格式输出,字符数据也可按整数输出。

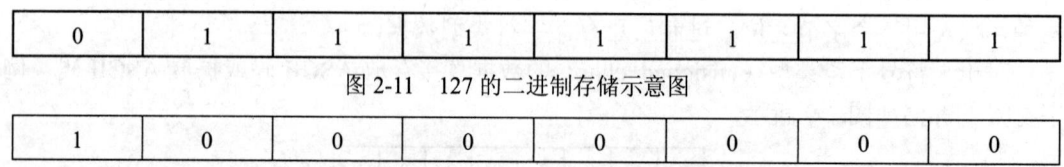

图 2-10 例 2-2 的运行结果

2.2.4 溢出与舍入误差

1. 数据的溢出

由于整数和字符型数据用有限的二进制位存放数据,是有大小范围的,在对数据的存储和引用时必然存在溢出问题。例如:

```
        char c=127; c = c+1;
```

其二进制位变化情况如图 2-11 和图 2-12 所示。

| 0 | 1 | 1 | 1 | 1 | 1 | 1 | 1 |

图 2-11 127 的二进制存储示意图

| 1 | 0 | 0 | 0 | 0 | 0 | 0 | 0 |

图 2-12 127 加 1 后的二进制存储示意图

127 加 1 后并没有等于 128,因为 char 型的数据最大值是 127,加 1 后溢出,变成补码的-128 了。

如果上式直接写成:

```
        char c=128;
```

结果一样,c 无法存储 128,实际存储的是补码的-128。

【例 2-3】 演示数据的溢出。

```
        #include <stdio.h>
        void main()
        {
            char c=127;
            long li=2147483647;
            unsigned uc;
            unsigned long uli;
```

```
    printf("c=%d, li=%ld\n", c,li);

    c=c+1;
    li=li+1;
    printf("c=%d, li=%ld\n", c,li);

    c=127+100;
    li=2147483647+100;
    printf("c=%d, li=%ld\n", c,li);

    uc=127+100;
    uli=2147483647+100;
    printf("uc=%d, uli=%ld\n", uc,uli);
    printf("uc=%u, uli=%lu\n", uc,uli);
}
```
运行程序，结果如图 2-13 所示。

```
c=127, li=2147483647
c=-128, li=-2147483648
c=-29, li=-2147483549
uc=227, uli=-2147483549
uc=227, uli=2147483747
```

图 2-13　例 2-3 的运行结果

2. 实型数据的误差

整数存储除了溢出以外是没有误差的。然而实型数据由于是用有限的存储单元存储较大范围的实型数，有效数字是有尾数限制的，在实际计算和引用中会有很多问题。

【例 2-4】演示实型数据的误差。

```
#include <stdio.h>
void main()
{
    float  x, y;
    x = 1234567890000000000.0;
    y = x + 0.12345;       /*大数加上一个小数，小数被忽略*/
    printf("x=%f, y=%f\n", x, y);

    x = 3.1415926;
    y = x - 0.0001;   /*小数的有效位加 1 有效*/
    printf("x=%.3f, y=%.3f\n", x, y);

    y = x + 0.0000005;  /*小数的无效位加 1 也无效*/
    printf("x=%.7f, y=%.7f\n", x, y);
}
```

运行程序，结果如图 2-14 所示。x 和 y 的值一样，只有前 7 位是准确的。

```
x=12345679395506094000.000000, y=12345679395506094000.000000
x=3.142, y=3.141
x=3.1415925, y=3.1415930
```

图 2-14 例 2-4 的运行结果

另一种情况如：4.0/3.0*3.0，按数学常识结果应该等于 4.0，然而由于舍入误差其结果并不等于 4.0。

在设计 C 语言程序时，我们应尽量避免出现以上实型数据的舍入误差。

2.3 运算符与表达式

C 语言的运算符非常丰富，共有 13 类 45 个运算符（见附录 C），除控制语句、输入输出语句以外几乎所有的基本操作都作为运算符处理。运算符的使用方法也非常灵活，这是 C 语言的主要特点。因此，运算符是 C 语言学习的重点和难点之一。C 语言运算符如表 2-6 所示。

表 2-6　C 语言运算符的类型

优先级	运算符	名称	结合方向
1	()	括号，改变优先级	从左至右
	[]	数组下标	
	.、\->	成员选择运算符	
2	++、--	自增、自减运算符	从右至左
	&	取地址	
	*	取内容	
	!	逻辑求反	
	~	按位求反	
	+、—	正、负号	
	(数据类型)	强制转换	
	sizeof	计算数据类型长度	
3	*、/、%	乘法、除法、求余	从左至右
4	+、-	加、减	
5	<<、>>	左移、右移	
6	<、<=、>、=>	小于、小于等于、大于、大于等于	
7	==、!=	等于、不等于	
8	&	按位与	
9	^	按位异或	
10	|	按位或	
11	&&	逻辑与	
12	||	逻辑或	
13	?:	条件运算符	

续表

优先级	运算符	名称	结合方向
14	=、+=、-=、 *=、/=、%=、<<=、>>=、&=、∧=、|=	赋值运算符	从右至左
15	,	逗号运算符	从左至右

本节将重点介绍算术运算符、赋值运算符、逗号运算符。其余运算符将在以后各章中陆续介绍。

注意：学习运算符要注意以下几方面问题。

（1）运算符的功能。

（2）运算符与操作对象即操作数（包括常量、变量、函数调用等）的关系：

- 要求操作数的个数（单目、双目、三目）。
- 要求操作数的类型（如求余运算符%要求操作数是整型）。
- 结合方向（操作数到运算符）：左结合、右结合（单目、赋值类、条件运算符）。

（3）运算符的优先级。

（4）运算结果的数据类型：不同类型数据运算将发生类型转换。

运算符连接操作数形成的式子叫表达式。C 语言表达式的特点是：无论表达式多么复杂，总有一个运算结果（值）与之相对应。根据这个特点，也可以将一个操作数（常量或变量或函数调用）看作一个表达式。

2.3.1 算术运算符与算术表达式

1. 基本算术运算符

C 语言中基本的算术运算符共有 5 个，分别为：+（加）、-（减）、*（乘）、/（除）、%（取模，或称求余运算符）。

C 语言规定：

（1）基本算术运算符为双目（需要两个操作数）运算符，结合方向均为从左到右。

（2）%（取模）运算符仅用于整型变量或整型常量的运算，a%b 结果为 a 除以 b 的余数，余数的符号与被除数相同，如：7%3 的值为 1；17%-3 的结果为 2；-19%4 的结果为-3。

（3）+、-、*、/运算符的两个操作数既可以是整数，也可以是实数。当两个操作数均为整数时，其结果仍是整数；如果参加运算的两个数中有一个为实数，则结果是 double 型，因为所有的实数均按 double 型进行运算。

（4）/（除法）运算符，当对两个整型的数据相除时结果为整数，如 5/3，其值为 1，舍去小数部分，相当于整除操作；当操作数中有一个为负数时，整除结果取整向 0 靠拢（商的绝对值不大于操作数绝对值的商），如-5/3=-1。

2. 基本算术表达式

（1）算术表达式定义。由基本算术运算符、括号以及操作对象组成的符合 C 语言语法规则的表达式称为基本算术表达式，如 a+b-2.5/d*(a-c)。

（2）优先级：(*、/、%) 同级较高，(+、-) 同级较低。一个表达式中若有多个运算符混合在一起,则计算的先后次序为先算括号,再根据上述运算符的优先级,先乘、除、取模,后加、减,同级的自左向右运算。基本算术运算符的优先级在所有运算符中是较高的,仅次于括号和全部单目运算符。C 语言规定运算符优先级的目的是为了尽量减少表达式中的括号。

(3)结合方向。当一个运算对象两侧的运算符的优先级别不同时,应遵循优先级高的先处理的规则;当一个运算对象两侧的运算符的优先级别相同时,应遵循运算符的结合方向;算术运算符的结合方向是从左至右。

注意:正负号运算符(+、-)是单目的,与数学中的相同,右结合,优先级高,不同于加、减运算符。

3. 强制类型转换(显式转换)运算符:(类型)

有时为了达到某种目的,需要将一个表达式的类型转变成所需的类型,这时就要用到强制类型转换运算符。

作用形式:

  (类型)(表达式)

将表达式的值转换成相应类型,例如:

```
(double)a
(int)(x+y)
(float)5/3
```

优先级:同所有单目运算符,高于基本算术运算符。

注意:

①表达式一定要加括号(因强制类型转换是单目运算,优先级高),例如上面最后一个表达式中只是将 5 转变成 float 型,而不是将 5/3 转变成 float 型。

②若对变量实型显式转换,将得到新类型的一个值,原变量的类型及其存储值均不变。

【例 2-5】 演示强制类型转换。

```c
#include <stdio.h>
void main()
{
    int i;
    float f;
    f=3.1415926;

    printf("i=%d,f=%f\n",i,f);

    i=(int) f;
    printf("i=%d\n",i);

    f=5/3;
    printf("f=%f\n",f);

    f=(float)5/3;
    printf("f=%f\n",f);
```

```
    printf("f=%d\n",f);    /*实数按整型数方式输出*/
    printf("i=%f\n",i);    /*整型按实数方式输出*/
}
```
运行程序，结果如图 2-15 所示。

```
i=-858993460,f=3.141593
i=3
f=1.000000
f=1.666667
f=-1610612736
i=0.000000
```

图 2-15 例 2-5 的运行结果

由于求余（取模）运算只能针对整型数据，因此经常用强制类型转换的办法将一个实型量（变量或常量）变换成整型，然后才能进行取模运算，例如(int)5.5%3。

4. 自增自减运算符：++和--

自增自减运算符++和--是两个单目运算符，具有右结合性。其作用是：作用于变量，使变量的值自增 1 或自减 1。例如：

　　++i, j--

相当于 i=i+1,j=j-1。

作用对象必须是变量，因此 5++、(x+y)--等都是错误的。

下面介绍++和--运算符的前缀运算与后缀运算。

（1）前缀运算。

++i 相当于 i=i+1 且表达式的值与 i 的值相同（先加 1 后引用）。

--j 相当于 j=j-1 且表达式的值与 j 的值相同（先减 1 后引用）。

例如：

　　int i=5, j;
　　j=++i;

相当于 i=i+1,j=i;，即先 i 自增为 6，表达式++i 的值也为 6，因此 j=6。

（2）后缀运算。

i++：先取 i 的值作为表达式的值，i 再自增 1（先引用后加 1）。

j--：先取 j 的值作为表达式的值，j 再自减 1（先引用后减 1）。

例如：

　　int i=5, j;
　　j=i++;

相当于 j=i,i=i+1;，即先取 i 的值 5 作为 i++的值赋给 j，j=5，然后 i 自增为 6。

所谓被"引用"，是指参加其他运算符的运算等。

由于是单目运算符，自增自减运算符的优先级高于基本算术运算符，同其他单目运算符。考虑表达式-i++，由于"-"和"++"优先级相同，均为右结合性，因此相当于-(i++)。

有关自增自减运算符使用中的若干问题（以下为 TC 中的规定）：

① 连续自增问题。例如：

int i=3; (i++)+(i++)+(i++) 的值为 9，i 的值为 6；　/*统一先取值后逐步自增*/
int i=3; (++i)+(++i)+(++i) 的值为 18，i 的值为 6；/*先逐步自增后统一取值*/
② 连续自增作为 printf()函数的输出项问题。例如：
int i=3; printf("%d\n", (i++)+(i++)+(i++))输出 12。/*逐步取值和自增*/
int i=3; printf("%d\n", (++i)+(++i)+(++i))输出 15。/*逐步自增和取值*/
③ printf()函数中多输出项计算问题（TC 和 VC 略有不同）。
输出项自右向左运算后，再自左向右输出。例如：

```
int i=3;
printf("%d,%d\n", i+2, i++);
```
TC 下输出 6,3；VC 下输出 5,3。

【例 2-6】输出下面程序中 i、j 的值。

```
#include <stdio.h>
void main()
{
    int i=5,j;

    j=++i + i++;   /*一个前增 1 使 i 变成 6 后才进行加法运算，实际是 6+6 */
    printf("i=%d,j=%d\n",i,j);

    i=5;
    j=(++i)+(++i)+(i++);
    printf("i=%d,j=%d\n",i,j);

    i=5;
     printf("i++=%d,i++=%d\n",i++,i++);
    printf("i=%d\n",i);

    i=5;
    printf("++i=%d,++i=%d\n",++i,++i);
    printf("i=%d\n",i);

    i=5;j=6;
    printf("i+j=%d,j++=%d\n",i+j,j++);
    printf("i=%d,j=%d\n",i,j);

    i=5;j=6;
    printf("i+j=%d,j++=%d\n",i+j,++j);
    printf("i=%d,j=%d\n",i,j);
}
```

运行程序，结果如图 2-16 所示。
printf 是函数，其参数的处理是堆栈式的，参数结合性从右向左。

```
i=7,j=12                i=7,j=12
i=8,j=21                i=8,j=21
i++=6,i+=5              i++=5,i++=5
i=7                     i=7
++i=7,++i=6             ++i=7,++i=6
i=7                     i=7
i+j=12,j++=6            i+j=11,j++=6
i=5,j=7                 i=5,j=7
i+j=12,j++=7            i+j=12,j++=7
i=5,j=7                 i=5,j=7
```

图 2-16　例 2-6 在 TC 和 VC 下的运行结果

图 2-16 中左边是 TC 下的运行结果，右边是 VC 下的运行结果。二者不同之处在于 printf 函数输出时，VC 下后面参数的后缀 j++、i++是在所有参数处理完毕后才起作用，而 TC 下，后缀的自增和自减将影响到该参数前面的参数处理。

结果中的第 3、7 行就体现出二者的区别。

自增自减运算符常用于循环语句中，使循环变量自动加 1 或减 1，也可用于指针变量，使指针指向上或下一个地址，使得程序相当简洁。

2.3.2　赋值运算符与赋值表达式

1. 赋值运算符

C 语言中赋值运算符为"="，它的一般形式为：

变量 = 表达式

即是将"="右边的表达式（作为特例，可为单独的常量或有值变量、函数调用）的值赋给其左边的变量。例如：

```
a=5;        /* 表示把一个常量 5 赋给变量 a */
b=a+5;      /* 表示将表达式 a+5 的值赋给变量 x */
```

所以可以将赋值运算符"="理解成"←"，是一个把右边表达式的值存储到左边变量对应的位置上的单向操作。

如果赋值运算符两侧的类型不一致，在赋值时要将表达式的结果转换成变量的类型，然后再赋给变量。

注意：

（1）"="是赋值运算符，不同于等号（等号是==）。

（2）赋值运算方向（操作数到操作符）为自右向左。例如：

```
int a,b;
a=b=100;
```

两个赋值运算符先计算右边的。

（3）连续赋值，只有最后一步有效。例如：

```
int a;
a=100;
a=200;
```

变量 a 的当前值是 200，原来的值 100 已经被"冲掉了"。

（4）赋值运算符的优先级较低（只高于逗号运算符），因此一般情况下表达式无须加括号。例如：

$\qquad$ a=2+5/3

相当于：

$\qquad$ a=(2+5/3)

（5）赋值运算可以构成一个表达式，其值可以再赋给其他变量。例如：

$\qquad$ a=b=100;

其实相当于：

$\qquad$ a=(b=100);

"b=100"是一个赋值表达式，其值就等于左边的变量 b 的值。

2. 复合赋值运算符

C 语言允许在赋值运算符"="之前加上其他运算符以构成复合的赋值运算符。有两大类双目运算符可以和赋值运算符一起组合成复合的赋值运算符，他们是基本算术运算符和位运算符。在 C 语言中可以使用的复合赋值运算符有+=、-=、*=、/=、%=、<<=、>>=、&=、^=和|=。

例如：

a+=100; 等价于 a=a+100;

a*=b; 等价于 a=a*b;

……

C 语言中采用这种复合运算符，一是为了简化程序，使程序精练；二是为了提高编译效率，产生质量较高的目标代码。

复合赋值运算符的性质与赋值运算符一致，也属于赋值类，双目，具有右结合性，优先级也与赋值运算符相同，除了比逗号运算符的优先级高以外，比其他运算符的优先级都低。

注意：

（1）复合赋值运算符使 C 语言源程序表达简洁，也会有一定的副作用。例如：

$\qquad$ a = b*= c+d;

易于误解为：

$\qquad$ b=b*c;
$\qquad$ a=b+d;

而写成：

$\qquad$ a =(b = b*(c+d));

显然容易理解多了。

（2）x=i+++j; 不知是 x=(i++)+j; 还是 x=i+(++j);，C 语言规定：总是从左到右尽量多地结合字符为一个运算符。因此，应该是 x=(i++)+j;。

（3）歧义的解决。例如：

$\qquad$ a=100;
$\qquad$ b= (c=a) + (a=200);

若先算后面括号，结果为 b=200+200;；若先算前面括号，结果为 b=100+200;。查"()"的结合方向是从左到右，所以 b=100+200;。

2.3.3 算术表达式的书写

数学中的很多式子用计算机语言表示是有一定区别的，下面是一些常见的表示方法：

$$\frac{-b+\sqrt{b^2-4ac}}{2a}$$

表示成 C 语言的表达式为：

(-b+sqrt(b*b-4*a*c)) / (2*a)

其中数学中省略的乘号"×"在计算机中不能省略，写成"*"。由于没有平方根的运算符，用平方根函数 sqrt 代替。除法只能用"/"表示。

例如，设有变量声明 float a=3.0; int b=2;计算表达式 2+sqrt(1.0+a)*b++/2。

解：2+sqrt(1.0+a)*b++/2
→2+sqrt(4.0)*b++/2
→2+2.0*2/2
→2+4.0/2
→2+2.0
→4.0

即表达式的值为 4.0，同时 b 的值变为 3，a 的值不变。

2.3.4 逗号运算符与逗号表达式

1. 逗号运算符

C 语言提供一种特殊的运算符为逗号运算符","。用逗号运算符可以将两个表达式连接起来，例如：

a=100,b=a+200

2. 逗号表达式

用逗号运算符连接两个或两个以上的表达式所形成的新表达式就是逗号表达式，其一般形式为：

(表达式 1),(表达式 2),(表达式 3),…,(表达式 n)

逗号表达式的求值过程是：先求表达式 1 的值，再求表达式 2 的值，……，最后计算表达式 n 的值。表达式 n 的值就是整个逗号表达式的值。

【例 2-7】演示逗号表达式。

```
#include <stdio.h>
void main()
{
    int a;
    printf("1+2+3+4+5 =%d\n",(a=1,a=a+2,a=a+3,a=a+4,a=a+5));

    printf("a=%d\n",a);
}
```

运行程序，结果如图 2-17 所示。

```
1+2+3+4+5 =15
a=15
```

图 2-17 例 2-7 的运行结果

2.4 数据类型转换

2.4.1 类型转换概述

C 语言提供了丰富的数据类型，不同类型数据的存储长度和存储方式不同，一般不能直接混合运算。为了提高编程效率，增加应用的灵活性，C 语言允许不同数据类型相互转换。

C 语言的类型转换有 3 种方式：类型自动转换、赋值类型转换和强制类型转换。

1. 不同数据类型的差异

数据类型的差异体现在存储数据的范围和精度上，存储数据的范围越大、精度越高，该类型越"高级"。常用数据类型的差异表现为：

（1）double 比 float 高级。

（2）实数比整数高级。

（3）整数中长的比短的高级，如：

```
long>int>short>char
```

（4）无符号（unsigned）比有符号（signed）高级，如：

```
unsigned long > long
unsigned int > int
unsigned short > short
```

2. 数据类型转换产生的效果

不同类型的数据转换可能产生以下效果：

（1）数据类型级别的提升与降低。

产生类型提升效果的有：

1）所有短数据转换成长数据；

2）整数转换成实数；

3）同长整数中 signed 型转换成 unsigned 型。

与此相反的转换将产生类型级别降低的效果。

（2）符号位扩展与零扩展。

为保持数值不变，整型短数据转换成整型长数据时将产生符号位扩展与零扩展。例如：

```
int a='A';
```

'A'的二进制形式和 int a 的二进制形式如图 2-18 所示（假设 int 类型是 16 位）。

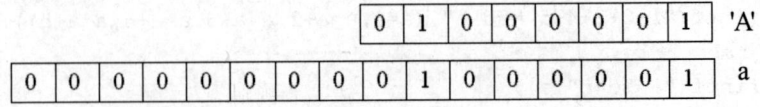

图 2-18 'A'的二进制形式和 int a 的二进制形式

图中可以看出 int a 的高 8 位进行了 0 扩展。

再比如：

```
char c=-1;
int a=c;
```

如图 2-19 所示（假设 int 类型仍是 16 位）。

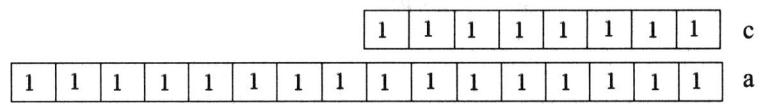

图 2-19　c 的二进制形式和 int a 的二进制形式

图 2-19 中可以看出 int a 的高 8 位进行了 0 扩展。

（3）截去高位产生数值的变化。

反过来可以想到，如果把长类型的数据赋值给短类型的变量，必然将产生丢失高位字节的效果。

（4）丢失精度。

1）实数转换成整数时，由于截去小数将丢失精度。

2）double 型转换成 float 型时，有效数字减少（四舍五入），精度丢失。

3）long 型转换成 float 型时，由原来可达 10 位整数变成只有 7 位有效数字，精度丢失，但由于数的范围扩大了，数据类型从较低级提升到较高级。

2.4.2　自动类型转换

在进行各种类型的数据混合运算时，一般先要进行类型转换。将不同类型的数据转换成同种类型然后进行计算，这种类型转换是系统的自动类型转换。系统自动按运算顺序将低级的数据直接转换成高级的数据，以保证运算的精度，具体规则为：

（1）float 在运算时自动转换成 double。

（2）char 和 short 在运算时自动转换成 int。

（3）int 和 unsigned 混合运算时，将 int 转换成 unsigned 数据。

（4）int 或 unsigned 与 long 混合运算时，都转换成 long 数据。

（5）int、unsigned、long 与浮点型数据混合运算时，都转换成 double。

具体转换规则如图 2-20 所示。

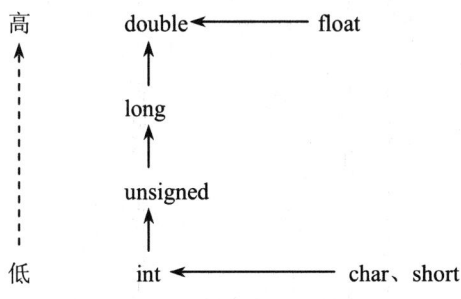

图 2-20　自动类型转换规则

自动类型转换的原则是"精度不降低"。低级数据自动转换成高级数据，就能够保证这一点。

2.4.3　赋值类型转换

赋值运算时，如果赋值运算符两侧的类型（指基本类型）不一致，系统自动将表达式的

值转换成变量的类型存到变量的存储单元中,转换的情况可能有:

(1) 整型数据赋给实型变量时,数值上不发生任何变化。如:
```
float f; f=100;
```
(2) 实型数据赋给整型变量时,小数部分将被舍弃。如:
```
int a = 3.1415;    /*内存中变量a的值为3*/
```
(3) 短的有符号整型数据赋给长整型变量时,需要进行符号位扩展。

(4) 短的无符号的整型数据赋给长整型变量时,需要进行0扩展。

(5) 长整型数据赋给短的整型变量时,有可能溢出。如:
```
char c= 321;
```
溢出后c的值为'A'。

(6) 同长度有符号整型数据赋给无符号整型变量时,数据将失去符号位功能。如:
```
unsigned char c = -1;
```
则c的值为255。

(7) 同长度无符号整型数据赋给有符号整型变量时,数据将得到符号位功能。如对于16位int:
```
int i=65535u;
```
则i的值为-1。

2.4.4 强制类型转换

强制类型转换的格式为:

(类型名)(表达式)

强制类型转换用于不能自动转换的情况。例如:
```
(int) 5.0 % 3              /*实型数据求余运算*/
(int)(f+0.5)               /*第一位小数的四舍五入算法 */
(int)(f*10+0.5)/10.0       /*第二位小数的四舍五入算法 */
```

2.4.5 小结

本节介绍了C语言数据类型转换的问题,在自动类型转换、赋值类型转换和强制类型转换中,我们重点要防止赋值类型转换中出现的问题。

在程序设计时精度和准确性是必要的,如果数据类型级别较低,不能胜任数据的处理,可以将其定义为更高级别的数据类型。

2.5 程序举例

【例 2-8】编写程序将输入的华氏温度转换为摄氏温度,输出结果精确到小数点后两位。转换公式为:

$$C = 5/9 * (F - 32)$$

程序如下:
```
#include <stdio.h>
void main()
{
```

```
    float temprature;
    printf("Input F:");
    scanf("%f",&temprature);
    temprature = (temprature-32)*5/9;
    printf("C=%.2f\n",temprature);
}
```
程序的运行结果如图 2-21 所示。

```
Input F:98.5
C=36.94
```

图 2-21　例 2-8 的运行结果

注意公式不能写成 temprature =5/9* (temprature-32);，因为 "5/9" 是整除。

【例 2-9】汽车在有里程标志的公路上行进。输入开始和结束的里程及时间（以时、分、秒输入），计算并输出平均速度（公里数/小时）。

```
#include <stdio.h>
void main()
{
    int StartPost,EndPost;
    int StartHour, StartMinute, StartSecond;
    int EndHour, EndMinute, EndSecond ;
    int ElapsedTS,ElapsedHour,ElapsedMinute,ElapsedSecond;
    double ElapsedTime,Velocity;
    int Distant;

    printf("Input StartPost:");
    scanf("%d",&StartPost);
    printf("Input Begin Time:");
    scanf("%d,%d,%d",&StartHour, &StartMinute, &StartSecond);
    printf("Input EndPost:");
    scanf("%d",&EndPost);

    printf("Input End Time:");
    scanf("%d,%d,%d",&EndHour, &EndMinute, &EndSecond);

    ElapsedTS = ( EndHour * 3600 + EndMinute * 60 + EndSecond ) -
        ( StartHour * 3600 + StartMinute * 60 + StartSecond ) ;
    ElapsedHour = ElapsedTS / 3600 ;
    ElapsedMinute = ElapsedTS % 3600 / 60 ;
    ElapsedSecond = ElapsedTS % 60 ;
    ElapsedTime = ElapsedHour + ElapsedMinute / 60.0 + ElapsedSecond / 3600.0 ;
    Distant = EndPost - StartPost ;
    Velocity = Distant / ElapsedTime ;
```

```
            printf("Distant is :%d\n",Distant);
            printf("Elapsetime is:%d Hour %d Minute %d Second\n",
                ElapsedHour,ElapsedMinute,ElapsedSecond);
            printf("Velocity is:%f km/hour\n",Velocity);
        }
```
程序的运行结果如图 2-22 所示。

```
Input StartPost:0
Input Begin Time:9,30,0
Input EndPost:200
Input End Time:10,45,10
Distant is :200
Elapsetime is:1 Hour 15 Minute 10 Second
Velocity is:159.645233 km/hour
```

图 2-22　例 2-9 的运行结果

本章主要介绍了 C 语言中有关数据与数据计算的基本概念和规则，重点讲解了以下几方面的内容：

（1）C 语言的数据类型。
- C 语言的数据类型有 4 类：基本类型、构造类型、指针类型和空类型。
- 基本数据类型包括整型、实型、字符型 3 种。它们的表示方法、数据的取值范围等各有特点。

（2）常量和变量。
- 常量指在程序运行中其值不能被改变的量，包括整数、长整数、无符号整数、浮点数、字符、字符串、符号常量等。其中特别要注意字符和字符串的区别。
- 变量是指在程序运行过程中其值可以被改变的量，包括各种整型、实型、字符型等。
- 变量的名称可以是任何合法的标识符，但不能是关键字。给变量命名时应尽量做到"见名知义"。

（3）C 语言共有 13 类运算符。
- 运算符主要有算术运算符（包括自加、自减运算符）、关系运算符、逻辑运算符、条件运算符、位运算符、赋值运算符和逗号运算符等。
- 每种运算符运算对象的个数、优先级、结合性也各有不同。一般而言，单目运算符优先级较高，赋值运算符优先级较低。大多数双目运算符为左结合性，单目、三目及赋值运算符为右结合性。

（4）表达式。
表达式是由运算符连接各种类型的数据（包括常量、有值变量和函数调用等）组合而成的式子。表达式的求值应按照运算符的优先级和结合性所规定的顺序进行。

（5）数据类型转换。不同类型的数据在进行混合运算时，需要进行类型转换。类型转换有3种方式：
- 自动类型转换。当不同类型的数据进行混合运算时，按照"精度"不降低的原则从低级向高级自动进行转换。
- 赋值类型转换。当赋值运算符两侧的类型不一致时，将表达式值的类型转换成变量的类型再赋给变量。
- 强制类型转换。当希望将一个表达式强制转换成所需类型时可进行强制类型转换。

在自动类型转换中，float 自动转换成 double，char 和 short 自动转换成 int 进行计算，而不管是否存在混合类型的运算。在程序设计中要合理使用数据类型，避免数值的变化和精度的丢失。

习题二

一、选择题

1. 下列变量定义中合法的是（　　）。
   A．int_a=.e1;　　　　　　　B．double b=1+1e1.1;
   C．long x=2.5 ;　　　　　　D．float 2_and=1-e-3;
2. 运算符有优先级，在 C 语言中关于运算符优先级的正确叙述是（　　）。
   A．逻辑运算符高于算术运算符，算术运算符高于关系运算符
   B．算术运算符高于关系运算符，关系运算符高于逻辑运算符
   C．算术运算符高于逻辑运算符，逻辑运算符高于关系运算符
   D．关系运算符高于逻辑运算符，逻辑运算符高于算术运算符
3. C 语言并不是非常严格的算法语言，在以下关于 C 语言不严格的叙述中，错误的是（　　）。
   A．任何不同数据类型都不可以同用
   B．有些不同类型的变量可以在一个表达式中运算
   C．在赋值表达式中等号（=）左边的变量和右边的值可以是不同类型
   D．同一个运算符在不同的场合可以有不同的含义
4. 以下选项中属于 C 语言的数据类型是（　　）。
   A．复数型　　　B．逻辑型　　　C．双精度型　　　D．集合型
5. 设有说明语句：char c='\101';，则变量 c（　　）。
   A．包含 1 个字符　　　　　　B．包含 2 个字符
   C．包含 3 个字符　　　　　　D．说明不合法
6. 下列常数中不能作为 C 语言常量的是（　　）。
   A．0xA5　　　B．2.5e-2　　　C．3e2　　　D．0582
7. 在 C 语言中，数字 019 是一个（　　）。
   A．八进制数　B．十六进制数　C．十进制数　D．非法数
8. 下列可以正确表示字符型常量的是（　　）。
   A．"a"　　　　B．'\t'　　　　C．"\n"　　　　D．\168

9. 已知 int i;float f;，正确的语句是（　　）。
   A．int(f)%2.0;　　　B．int(f)%i;　　　C．int(f%i;　　　D．(int)f%i;
10. 设有以下变量定义，并已赋确定的值：
    char c; int i; float f; double d;
    则表达式 c+i+f/d 值的数据类型为（　　）。
    A．char　　　　　B．int　　　　　C．float　　　　　D．double
11. 已知 int i,a;，执行语句 i=(a=6,a*5),a+6;后，变量 i 的值是（　　）。
    A．6　　　　　B．12　　　　　C．30　　　　　D．36
12. 下列程序的输出结果是（　　）。
    ```
    #include <stdio.h>
    void main()
    {
        float d=2.2; int x,y;
        x=6.2; y=(x+3.8)/5.0;
        printf("%d \n", d*y);
    }
    ```
    A．4　　　　　B．4.4　　　　　C．2　　　　　D．0

二、阅读程序题

1. 下面程序的输出是_____。
    ```
    #include <stdio.h>
    void main()
    {
        int a=10, b=10;
        printf("%d,%d,%d,%d\n", a--,a, --b,b);
    }
    ```

2. 下面程序的输出是_____。
    ```
    #include <stdio.h>
    void main()
    {
        int i=1,j,k;
        j=i++;     printf("j=%d,i=%d\n",j,i);
        k=++i;     printf("k=%d,i=%d\n",k,i);
        j=i--;     printf("j=%d,i=%d\n",j,i);
        k=- -i;    printf("k=%d,i=%d\n",k,i);

        i=j=5;
        printf("i+j=%d,++j=%d\n",i+j,++j);
    }
    ```

第 3 章　简单程序设计

- 掌握 C 语言中的语句类型、程序结构
- 掌握赋值语句和基本输入/输出函数的使用
- 学会用正确的格式进行简单的输入输出程序设计

3.1　C 语言语句

语句是完成一定任务的命令。语句书写的特点是以分号作为结束符。
C 语言的语句可分为 5 种类型，下面详细介绍。

1. 表达式语句

由表达式组成的语句称为表达式语句，其作用是计算表达式的值或改变变量的值。它的一般形式是：

　　表达式；

注意没有分号不能称为语句。例如：

```
x=100   /*表达式*/
x=100;  /*语句*/
```

2. 函数调用语句

由一个函数调用加上一个分号构成函数调用语句，其作用是完成特定的功能。它的一般形式是：

　　函数名(参数列表)；

例如：

```
printf("Hello World!\n");    /*调用库函数，输出字符串*/
```

3. 控制语句

控制语句用于完成一定的控制功能，以实现程序的结构化。C 语言有 9 种控制语句，可分为以下 3 类：

（1）条件判断语句：if 语句、switch 语句。
（2）转向语句：break 语句、continue 语句、goto 语句、return 语句。
（3）循环语句：for 语句、while 语句、do-while 语句。

4. 复合语句

复合语句是用花括号将若干语句组合在一起，又称分程序，形式上是几条语句，但在语法上可相当于一条语句。例如，下面是一个复合语句：

```
    {
        i=5;
        printf("%d\n",i);
    }
```
在后面选择结构和循环结构的学习中要特别注意该类语句。

5. 空语句

只有一个分号的语句称为空语句。它的一般形式是：

```
;
```

例如：

```
x=100;;    /*两条语句，后面是一条空语句*/
```

空语句是不执行任何命令的语句，常用于占位、循环语句中的循环体等。例如：

```
while (getchar() != '\n')
    ;        /*空语句*/
```

该循环的功能是：当从键盘上输入回车符后退出循环，否则循环一直继续。该空语句是对整个结构语法上的完善，是必不可少的一部分。上面的程序如果写成：

```
while (getchar() != '\n')
printf("Hello World!\n");
```

程序将不断输出"Hello World!\n"，直到输入回车符。但如果写成：

```
while (getchar() != '\n')
    ;
    printf("Hello World!\n");
```

则变成：当输入回车符后结束循环，否则什么事也不做；当结束循环后，只输出一行"Hello World!\n"。

3.2 程序结构

3.2.1 程序结构简介

在 C 语言中，程序结构一般分为顺序结构、选择结构、循环结构。任何复杂的程序都是由这 3 种基本结构组成的。

【例 3-1】简单的程序结构。

```
/*EX3-1.C*/
#include <stdio.h>
void main()
{
    int a,b,c;           /*声明部分，定义了3个整型变量*/
    a=100;               /*执行部分开始，直到最后的花括号*/
    b=200;
    c=a+b;
    printf("a+b=%d\n",c);
}
```

该程序的作用是求两个整数 a 与 b 的和 c。程序只有一个主函数 main，函数分成声明部分和执行部分。声明部分定义了变量 a、b、c 是 int 类型变量。执行部分包括 3 个赋值语句，使 a、b 的值分别为 100 和 200 并使 c 的值等于 a+b。最后一行输出变量 c 的值。程序运行后的结果是：

```
a+b=300
```

【例 3-2】由多个函数构成的程序结构。

```
/*EX3-2.C*/
#include <stdio.h>
void main()                    /*主函数*/
{
    int a,b,c;                 /*声明部分，定义变量的类型*/
    scanf("%d,%d",&a,&b);      /*通过输入函数，给变量a、b赋值*/
    c=sum(a,b);                /*调用sum函数，将函数值赋给变量c*/
    printf("a+b=%d\n",c);      /*输出变量c的值*/
}
int sum(int a,int b)           /*定义一个sum函数*/
{
    int c;
    c=a+b;
    return (c);                /*将变量c的值通过返回语句带回调用处*/
}
```

本程序包含两个函数：主函数 main 和被调用函数 sum。

sum 函数的作用是将 a 和 b 的和赋值给变量 c，并通过返回语句 return 将 c 的值返回给主函数 main。

程序运行时，先由 scanf 函数从键盘上读取两个整型数据，如从键盘上输入：

```
100,200 <回车>
```

此时 a 被赋值 100，b 被赋值 200，然后执行语句 c=sum(a,b);，对 sum 函数进行调用，调用的结果是将和 300 赋给变量 c。

程序输出的结果是：

```
a+b=300
```

结果同前面的例子，只是程序的设计方法不同。

从上面的两个例子看出：一个 C 程序可以由若干个源程序文件组成，其结构如图 3-1 所示。

3.2.2 顺序结构

顺序结构是程序设计中最简单、最基本的结构，其特点是程序运行时按语句书写的次序依次执行，其结构如图 3-2 所示。在图 3-2 中，执行完 A，按序执行 B。顺序结构通常是由简单语句、复合语句及输入输出函数语句组成。

【例 3-3】分析下面程序结构。

```
/*  EX3-3.C  */
#include <stdio.h>
void main()
{
```

```
    int a,b,c;
    scanf("%d,%d",&a,&b);
    c=a+b;
    printf("c=%d\n",c);
}
```

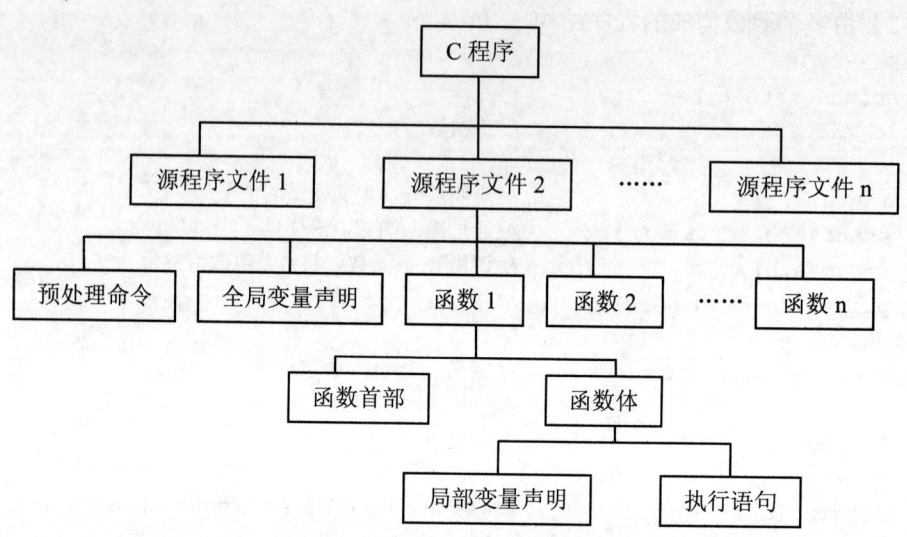

图 3-1　C 语言程序结构

上述程序中主函数内的几条语句是顺序结构,其语句执行的次序如图 3-3 所示。

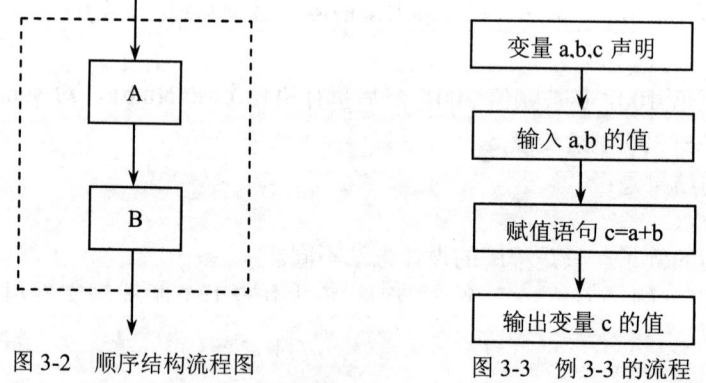

图 3-2　顺序结构流程图　　　　图 3-3　例 3-3 的流程

要注意:
　　`#include <stdio.h>`
称为预处理命令,而不是语句。
从例 3-3 可以看出,程序框架如下:
```
#开头的编译预处理命令行
void main()
{
  声明语句序列;
  可执行语句序列;
}
```

3.3 赋值语句

3.3.1 基本赋值语句

赋值语句是程序设计中最常用的语句。其一般形式为：
    变量 = 表达式；
赋值语句的功能是将赋值号右边表达式的值计算出来，再赋给赋值号左边的变量。如：
    c=a+b;
该语句的作用是将表达式 a+b 计算后的结果赋给变量 c。
以下是正确的赋值语句：
    a=100;a=a+200;   /*两个赋值语句，最后 a 变成 300*/
    a=b=c=100;   /*相当于 a=(b=c=100); */
    c=(a=100,b=a,a+b);   /*右边是逗号表达式，表达式的值是 a+b*/
下面是错误的赋值语句：
    c+2=a+b;   /*左边不是变量名，是表达式*/
要注意：
    a=b=c=100
    a=b=c=100;
前者是赋值表达式，相当于 a=(b=(c=100))，最右边的=先运算。后者是赋值语句，相当于 a=(b=c=100);，"b=c=100" 是一个赋值表达式，整条语句相当于把一个赋值表达式的值赋给变量 a。

我们可以写成：
    d=(a=b=c=100);
但不能写成：
    d=(a=b=c=100;);

语句是一条命令，是程序执行的最小单位，不能再被其他命令直接引用。其实赋值运算符 "=" 可以理解成←，例如：c=a+b 可以看成 c←a+b。后面我们还会遇到 "==" 运算符，其功能才相当于数学中的 "=" 号，例如：
    c+2 == a+b

3.3.2 复合赋值语句

除了基本赋值语句之外，还可以用复合赋值运算符构造复合赋值语句。例如：
    a+=3;   /*相当于 a=a+3 */
    b-=6;   /*相当于 b=b-6 */
    c/=2;   /*相当于 c=c/2 */
在构造以上赋值语句之前，变量必须已经初始化或赋值。下面的程序是错误的：
    int a;
    a+=10;
因为 a+=10 相当于 a=a+10，而右边表达式中的 a 是刚刚定义的，还没有具体的值。

3.4 数据输入与输出

为了实现人机交互，程序设计中经常需要通过输入输出语句来实现数据的输入和输出。所谓数据输入是指从输入设备（例如键盘、磁盘、光盘、扫描仪等）向计算机输送。所谓数据输出是指从计算机向外部输出设备（例如显示器、打印机、磁盘等）输送数据。

高级程序设计语言的数据输入输出都是通过输入输出语句来实现的，而 C 语言本身不提供输入输出语句，其数据的输入和输出功能是由函数来实现的，这使得 C 语言编译系统简单、可移植性好。

C 语言提供的函数以库的形式存放在系统中，他们不是 C 语言文本中的组成部分。在使用函数库时，要用预编译命令#include 将有关的"头文件"包含到用户源文件中，例如：

```
#include<stdio.h>
```

预编译命令一般放在程序的开头，使用不同类型的函数需要包含不同的"头文件"。例如，使用标准输入输出库函数 printf（格式输出）、scanf（格式输入）、putchar（输出字符）、getchar（输入字符）等时，要用到 stdio.h 文件，考虑到 printf、scanf 使用频繁，Turbo C 中允许在使用这两个函数时不用#include 命令。使用数学函数库时，要用到 math.h 文件。文件后缀中"h"是 head 的缩写，读者可以参考查阅附录中的函数列表。

3.4.1 格式化输出函数 printf

printf 函数的功能是向系统指定的设备输出若干个任意类型的数据。

printf 后面的字母 f 表示"format"，是"格式"的意思。

1. printf 函数调用形式

printf 函数是一个标准库函数，其调用的一般形式为：

```
printf(格式控制字符串,输出列表);
```

括号里格式控制字符串和输出列表实际上都是函数的参数。其中：

(1) 格式控制字符串是用双引号括起来的字符串，它包括两个信息：
- 格式说明。由"%"和格式字符组成，如%d、%c、%f 等。它的作用是将要输出的数据转化成指定的格式输出，格式说明都是由"%"字符开始的。
- 一般字符。或者称为非格式说明符，即按原样输出的字符。

(2) 输出列表是需要输出的变量、函数、表达式。

例如：

```
printf("a+b=%d\n",c);
```

- "%d"是格式说明，用来控制输出项 c 的输出格式。
- "a+b="和"\n"都是一般字符，原样输出，"\n"是转义字符，代表换行符。

假设 c 为 300，则输出结果为：

```
a+b=300
```

2. 格式说明

不同类型的数据用不同的格式说明。格式说明是由"%"开头，后面跟若干个英文字母，用以说明数据输出的类型、长度、位数等。其一般形式为：

%[标志][最小宽度][.精度][长度] 类型

【说明】

[ ]：表示可选项。

[标志]：可以是-、+、0。printf 默认输出形式是右对齐、正数前补一个空格、宽度空余部分填充空格，标志位置的附加格式符可以修改默认的格式，其具体含义如表 3-1 所示。

表 3-1 printf 函数常用附加格式符

字符形式	字符含义
+	正数前的空格改输出为+号
-	左对齐，右边空余部分填充空格
0	宽度空余部分填充 0

[最小宽度]：十进制整数，表示输出的最少位数。

[.精度]："."加上十进制整数 n，其含义是：如果输出的是数值，则该数表示小数位数，若实际小数位数大于该值，则超出部分四舍五入；如果输出的是字符，则表示输出字符的个数。

[长度]：可以是 h、l。h 表示按短整型量输出，l 表示按长整型量或双精度量输出。

类型：是格式说明符中必须要有的，它表示输出列表里要输出的数据类型。表 3-2 给出了常用的类型格式符及含义。

表 3-2 printf 函数常用类型格式符表

格式字符形式	格式字符含义
d	表示以十进制形式输出一个带符号的整数（正数不输出符号）
o	表示以八进制形式输出一个无符号的整数（不输出前导符 0）
x	表示以十六进制形式输出一个无符号的整数
u	表示以十进制形式输出一个无符号的整数
f	表示以小数形式输出带符号的实数（包括单、双精度）
e	表示以指数形式输出带符号的实数
g	表示选择%f 或%e 格式输出实数（选择占宽度较小的一种格式输出）
c	表示输出一个单字符
s	表示输出一个字符串

以上格式说明中精度选项优先于宽度选项，宽度选项是非强制执行的，当遇到实际数据长度超过宽度设定时，宽度选项无效。

下面的例子将逐步演示以上格式说明。

【例 3-4】分析下面程序运行结果。

```
/*   e3_4.c   */
#include <stdio.h>
void main()
{
    char c='A';
```

```c
        int a = 65 , b = -100;
        long d = 100 ;
        float   x = 3.141592631415,y = -3141592631.415;
        double dx = 3.141592631415;
        printf("c=%d, c=%c, c=%x\n",c,c,c);
        printf("a=%d, a=%x, a=%o,a=%c\n",a,a,a,a);
        printf("a=%d, a=%10d,a=%-10d, a=%+d\n",a,a,a,a);
        printf("b=%d, b=%10d,b=%-10d, b=%+d\n",b,b,b,b);
        printf("d=%d, d=%ld,d=%x, d=%lx\n",d,d,d,d);

        printf("x=%f,x=%6.f,x=%.3f,x=%6.3f,x=%10.3f\n",x,x,x,x,x);
        printf("y=%f,y=%6.f,y=%10.f\n",y,y,y);

        printf("dx=%f,dx=%6.f,dx=%.3f,dx=%6.3f,dx=%10.3f\n",dx,dx,dx,dx,dx);
        printf("x=%.8f,dx=%.8f\n",x,dx);

    }
```

程序在 TC 和 VC 下运行结果分别如图 3-4 和图 3-5 所示。

```
c=65, c=A, c=41
a=65, a=41, a=101,a=A
a=65, a=         65,a=65        , a=+65
b=-100, b=       -100,b=-100     , b=-100
d=100, d=6553600,d=0, d=64
x=3.141593,x=3.141593,x=3.142,x= 3.142,x=     3.142
y=-3141592576.000000,y=-3141592576.000000,y=-3141592576.000000
dx=3.141593,dx=3.141593,dx=3.142,dx= 3.142,dx=     3.142
x=3.14159274,dx=3.14159263
```

图 3-4 例 3-4 在 TC 的运行结果

```
c=65, c=A, c=41
a=65, a=41, a=101,a=A
a=65, a=         65,a=65        , a=+65
b=-100, b=       -100,b=-100     , b=-100
d=100, d=100,d=64, d=64
x=3.141593,x=     3,x=3.142,x= 3.142,x=     3.142
y=-3141592576.000000,y=-3141592576,y=-3141592576
dx=3.141593,dx=     3,dx=3.142,dx= 3.142,dx=     3.142
x=3.14159274,dx=3.14159263
```

图 3-5 例 3-4 在 VC 下的运行结果

【分析】
- char 型变量 c 分别用%d、%c、%x 输出，结果分别为 65、A、41。
- int 型变量 a 当输出宽度大于其自身宽度 2 时，空余部分填充空格，附加字符 "-" 可以将默认的右对齐格式改成左对齐格式，附加字符 "+" 在正数 65 前加上符号 "+"。
- 负数 b 的符号位必须存在，默认比正数多出一个字符位置。
- long 型变量 d 在 16 位机上的输出必须加 1 修饰，否则输出错误，但在 VC 下却可以忽略。
- TC 下 "%f" 和 "%6.f" 输出 float 型变量 x 时意义相同，但在 VC 下，"%6.f" 相当于 "%6.0f"。
- float 类型变量 x 和 double 类型变量 dx 的精度可以从输出结果中看出，用 "%.8f"

输出 x 时，其精度只能达到 3.141592，后面的数字是不可知的。

在使用 printf 函数时，要注意以下几个问题：

（1）可以在格式控制字符串中包含前面所讲的"转义字符"，如'\n'、'\t'、'\r'、'\b'、'\377'等。

（2）跟在%后面的格式符除 X（表示输出的十六进制数用大写字母输出）、E（表示输出的指数 e 用大写字母 E 输出）、G（表示若选用指数形式输出，则用大写字母 E 输出）外，其余必须是小写字母。如%d 不能写成%D。

（3）若想输出字符"%"，则在格式字符串中用连续两个%表示。如：

```
printf("%f%%",1.0/4);
```

则输出：0.250000%。

3.4.2 格式化输入函数 scanf

scanf 函数的功能是从键盘上将数据按用户指定的格式输入并赋给指定的变量。

1. scanf 函数调用形式

scanf 函数是一个标准库函数，其调用的一般形式为：

scanf(格式控制字符串,地址列表);

其中格式控制字符串的定义与使用方法和 printf 函数相同，但不能显示非格式字符。地址列表是要赋值的各变量地址。地址是由地址运算符"&"后跟变量名组成，如&x 表示变量 x 的地址。"&"是取地址运算符，其作用是求变量的地址。

【例 3-5】scanf 函数的使用。

```
#include <stdio.h>
void main()
{
   int a,b;
   scanf("%d%d",&a,&b);
   printf("a=%d,b=%d\n",a,b);
}
```

运行时按以下方式输入 a、b 的值：

```
100 -200
```

程序将输出：

```
a=100,b=-200
```

输入的 100 和-200 之间有空格。scanf 函数的作用是：按照 a、b 在内存中的地址将 100、-200 的值分别存入。数据输入需要分隔，否则无法分辨，默认的分隔符有空格、回车符、Tab（跳格）键。下面的输入方法也是正确的：

- 100□□-200↙　　　　　（用空格"□"作为分隔符）
- 100↙　　　　　　　　（用回车键作为分隔符）
  -200↙
- 100（按 Tab 键）-200↙　（用 Tab 键作为分隔符）

也可以自定义分隔符，例如：

```
scanf("%d,%d",&a,&b);
```

输入数据的时候只能按下面的方式：

```
100,-200
```

自定义分隔符","也需要输入。

2. 格式说明

与 printf 函数中的格式说明符相似,以%开始,后面跟一个格式符,中间可以有若干个附加字符,格式字符串的一般形式为:

%[*][宽度][长度] 类型

【说明】

[ ]:表示可选项。

[*]:表示输入的数值不赋给相应的变量,即跳过该数据不读。

[宽度]:十进制正整数,表示输入数据的最大宽度。

[长度]:长度格式符为 l 和 h,l 表示输入长整型数据或双精度实型数据;h 表示输入短整型数据。

类型:是格式说明符中必须要有的,其格式符的意义与 printf 函数基本相同,具体如表3-3 所示。

表 3-3 scanf 函数常用类型格式符

格式字符形式	格式字符含义
d	表示以十进制形式输入一个整数
o	表示以八进制形式输入一个整数
x	表示以十六进制形式输入一个整数
u	表示以十进制形式输入一个无符号的整数
f 或 e	表示输入一个实数,可以是小数形式或指数形式
g	与 f 或 e 的作用相同
c	表示输入一个字符
s	表示输入一个字符串

【例3-6】分析下面程序。

```
/* e3_6.c */
#include <stdio.h>
void main()
{
    char c;
    int a,b;
    float x,y;
    double dx,dy;
    printf("1.Input a,b(100 -200):");
    scanf("%d%d",&a,&b);
    printf("a=%d,b=%d\n",a,b);

    printf("2.Input a,b(100,-200):");
    scanf("%d,%d",&a,&b);
    printf("a=%d,b=%d\n",a,b);
```

```c
    printf("3.Input a,b,c(100 -200A):");
    scanf("%d%d%c",&a,&b,&c);
    printf("a=%d,b=%d,c=%c\n",a,b,c);

    printf("4.Input a,b,c(100,-200,9:");
    scanf("%d,%d,%c",&a,&b,&c);
    printf("a=%d,b=%d,c=%c\n",a,b,c);

    printf("5.Input a,c,b(100A-200):");
    scanf("%d%c%d",&a,&c,&b);
    printf("a=%d,b=%d,c=%c\n",a,b,c);

    printf("6.Input a,b(1112222):");
    scanf("%3d%4d",&a,&b);
    printf("a=%d,b=%d\n",a,b);

    printf("7.Input a,b(1112223333):");
    scanf("%3d%*3d%4d",&a,&b);
    printf("a=%d,b=%d\n",a,b);

    printf("8.Input x,y(3.1415926 31415926):");
    scanf("%f%f",&x,&y);
    printf("x=%f,y=%f\n",x,y);

    printf("9.Input dx,dy(3.1415926 31415926):");
    scanf("%lf%lf",&dx,&dy);
    printf("dx=%lf,dy=%lf\n",dx,dy);

    printf("10.Input x,c,y(3.1415926A31415926):");
    scanf("%f,%c,%f",&x,&c,&y);
    printf("x=%f,y=%f,c=%c\n",x,y,c);
}
```
则程序的运行结果如图 3-6 所示。

```
1.Input a,b(100 -200):100 -200
a=100,b=-200
2.Input a,b(100,-200):100,-200
a=100,b=-200
3.Input a,b,c(100 -200A):100 -200A
a=100,b=-200,c=A
4.Input a,b,c(100,-200,9:100,-200,9
a=100,b=-200,c=9
5.Input a,c,b(100A-200):100A-200
a=100,b=-200,c=A
6.Input a,b(1112222):1112222
a=111,b=2222
7.Input a,b(1112223333):1112223333
a=111,b=3333
8.Input x,y(3.1415926 31415926):3.1415926 31415926
x=3.141593,y=31415926.000000
9.Input dx,dy(3.1415926 31415926):3.1415926 31415926
dx=3.141593,dy=31415926.000000
10.Input x,c,y(3.1415926A31415926):3.1415916A3.1415926
x=3.141592,y=31415926.000000,c=A
```

图 3-6 例 3-6 的运行结果

为了调试程序的方便，程序中用 printf 语句输出每一步输入操作的提示，括号中是要输入的数据及其格式。例如：

　　1.Input a,b(100 -200):

请按照提示在冒号后面输入 100-200 即可。

在实际调试的时候，除了变量声明部分外，其他 10 个输出部分可选择性调试。

【分析】
- 默认空格作为分隔符。
- 自定义逗号","作为分隔符。
- 输入字符给变量 c 时，前面不能使用分隔符，因为分隔符也是字符，所以直接在-200 后面输入字符 A。
- 为了避免默认分隔符可以被字符型变量（%c 可以接受所有字符，包括转义字符）接收，采用自定义分隔符。
- 不用分隔符的情况。由于字符 A 区别于数字字符，所以系统可以识别并分隔数据。
- 采用长度限制，3 个数字字符 111 和 4 个数字字符 2222 分别输入给变量 a 和 b。
- %*3d 是一种虚读格式，111 后面 3 个字符 222 被读入但没有赋值给任何变量。
- float 类型的数据输入，显然所能接收的数据精度只有 7 位，后面的数字四舍五入。
- double 类型的数据输入，但用%f 形式输出，只有 6 位小数精度，读者可以修改为%.8f 试试，观察其小数位数的情况。
- 在输入两个实型数据中间插入一个字符输入，系统可以识别并分隔数据。

在使用 scanf 函数时，要注意以下几个问题：

（1）scanf 函数中的"格式控制字符串"后面的输入项应该是地址，而不应是变量名。这是 C 语言与其他高级语言不同的地方。例如：

　　scanf("%d,%d",&a,&b);

不能将语句写成：

　　scanf("%d,%d",a,b);

（2）scanf 不支持输入精度控制。例如：

　　scanf("%8.3f ",&x);

是不合法的。

（3）在"格式控制字符串"中除了格式说明符外，也允许出现其他字符，但在输入数据时在对应位置上应输入与这些字符相同的字符。例如：

　　scanf ("a=%d,b=%d",&a,&b);

则输入时应输入：

　　a=12,b=-2

（4）输入数据时，遇到以下情况认为该数据输入结束：
- 按指定的宽度结束。
- 遇空格，或回车键，或 Tab 键。
- 遇非法输入。如例 3-6 第 5 部分：

　　scanf ("%d%c%d",&a,&c,&b);

之所以输入：

　　100A-200

可以分别使得 a、b、c 为 100、-200、'A'，其主要原因是读入 100 后遇到字符 A，不是数字字符，从而变量 a 的输入结束。

（5）当输入的数据与输出的类型不一样时，虽然编译没有提示出错，但结果将不正确。

3.4.3 字符数据的输入与输出

字符数据也可以通过字符输入函数 getchar 和字符输出函数 putchar 实现输入和输出。在使用这两个函数时，程序的头部要加上文件包含命令：

```
#include <stdio.h>
```

1. 字符输入函数 getchar

字符输入函数 getchar() 的功能是从标准设备（键盘）上读入一个字符。其调用形式为：

```
getchar();
```

该函数没有参数，但一对圆括号不能省略。getchar() 只能从键盘上接收一个字符。

【例 3-7】字符输入函数的使用。

```
/* e3_7.c  */
#include <stdio.h>
void main()
{
   char c1,c2;
   c1=getchar();
   c2=getchar();
   printf("%c,%c\n",c1,c2);
}
```

程序运行时，若输入 ab↙，则程序的运行结果如图 3-7 所示；程序运行时，若输入 a□b<回车>，则程序的运行结果如图 3-8 所示。

图 3-7　例 3-7 的运行结果 1　　　　　图 3-8　例 3-7 的运行结果 2

字符'b'没有赋给 c2，实际赋给 c2 的是空格。由上可见，两次输入必须连续，不需要分隔符。

2. 字符输出函数 putchar

字符输出函数 putchar() 的功能是向标准输出设备（显示器）输出一个字符。其一般调用形式为：

```
putchar(c);
```

其中 c 是参数，它可以是整型或字符型变量，也可以是整型或字符型常量。当是整型量时，输出以该数值作为 ASCII 码所对应的字符；当是字符型量时，直接输出字符常量。例如：

```
putchar('A');        /*输出字符 A*/
putchar(65);         /*输出 65 所对应的字符 A*/
putchar('\n');       /*输出换行符*/
```

在上例最后的花括号"}"前添加语句：

```
putchar(c1);putchar(c2); putchar('\n');
```

则程序的运行结果将变成如图 3-9 所示。

图 3-9　例 3-7 的运行结果 3

3.5 程序举例

【例 3-8】 从键盘上输入两个整数放入变量 a 和 b 中，编程将这两个变量中的数据交换。

【分析】 实现两个变量的数据交换有很多办法，最常用的是中间变量法。为了交换 a 和 b，需要一个中间变量，例如 t，算法如下：

    t=a;a=b;b=t;

就像两个人（设 a 和 b）交换座位一样，其中 a 先站起来到一个临时位置（设为 t），另一个人坐到 a 座位上，a 再从 t 位置坐到 b 位置上。

下面的算法是错误的：

    a=b;b=a;

当执行 a=b;后，变量 a 原来的值将被"冲掉"，因为变量在任何时刻只能存储一个值，虽然变量的值可以随时被修改。

如图 3-10 所示是交换算法的示意图。

图 3-10 交换算法示意图

程序如下：

```
/*  e3-8.c   */
#include <stdio.h>
main()
{
   int a,b,t;
   a=3;b=5;
   t=a;a=b;b=t;
   printf("a=%d,b=%d\n",a,b);
}
```

程序运行结果如图 3-11 所示。

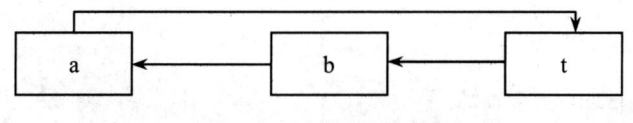

图 3-11 例 3-8 的运行结果

为了方便理解，读者在调试程序的时候也可以输入下面的程序：

```
#include <stdio.h>
void main()
{
   int a,b,t;
   a=3;b=5;
   t=a;printf("a=%d,b=%d,t=%d\n",a,b,t);
   a=b;printf("a=%d,b=%d,t=%d\n",a,b,t);
   b=t;printf("a=%d,b=%d,t=%d\n",a,b,t);
}
```

程序的运行结果如图 3-12 所示。

```
a=3,b=5,t=3
a=5,b=5,t=3
a=5,b=3,t=3
```

图 3-12　例 3-8 修改后的运行结果

不难发现，t 一直存储着原来 a 的值，所以 b 在 a 的值发生变化后（变成 5）仍然能够获得原先 a 的值 3。

上面的算法也可以写成：

　　t=b;b=a;a=t;

道理同上，只不过 b 先发生变化。

【例 3-9】从键盘上输入一个小写英文字母，编程输出该字母所对应的大写字母。

【分析】大写字母 A～Z 的 ASCII 码值为 65～90，小写字母 a～z 的 ASCII 码值为 97～122。每对字母的 ASCII 码值差都是 32，即'a'-'A'、'b'-'B'、'c'-'C'、…、'z'-'Z'都等于 32。所以将小写字母的 ASCII 码值减去 32，则得到的是所对应的大写字母 ASCII 码值。

程序如下：

```c
/* e3_9.c */
#include <stdio.h>
void main()
{
    char c1,c2;
    c1=getchar();
    c2=c1 - 32;
    printf("%d,%d,%c,%c\n",c1,c2,c1,c2);
}
```

程序运行时，若输入 a↙，则程序的运行结果如图 3-13 所示。

```
a
97,65,a,A
```

图 3-13　例 3-9 的运行结果

【例 3-10】输入三角形的三条边，编程求该三角形的面积。

【分析】三角形面积公式为（设三角形的三条边分别为 a、b、c）：

$$area = \sqrt{s(s-a)(s-b)(s-c)} \qquad 其中 s = \frac{1}{2}(a+b+c)$$

程序如下：

```c
/* e3_10.c */
#include <stdio.h>
#include <math.h>
void main()
{
    float a,b,c,s,area;
    scanf("%f%f%f",&a,&b,&c);
```

```
        s=(a+b+c)/2;
        area = sqrt(s*(s-a)*(s-b)*(s-c));
        printf("a=%f,b=%f,c=%f\n",a,b,c);
        printf("area=%f\n",area);
    }
```

程序运行时，若输入 3.14 4.15 5.16<回车>，则程序的运行结果如图 3-14 所示。

```
3.14 4.15 5.16
a=3.140000,b=4.150000,c=5.160000
area=6.514500
```

图 3-14　例 3-10 的运行结果

程序中使用了求平方根的函数 sqrt，所以包含了头文件 math.h。

【例 3-11】设计程序计算方程的解。其中 a、b、c 用 scanf 函数输入（设为 2、3、1）。

【分析】由数学知识可知：求 $ax^2+bx+c=0$ 的根可用求根公式。即当 $b^2-4ac \geq 0$ 时，方程的两个根可用如下公式进行求解：

$$x_{1,2} = \frac{-b \pm \sqrt{b^2-4ac}}{2a}$$

本题输入的 a、b、c 分别为 2、3、1，则 b^2-4ac 的值为 $3^2-4*2*1 \geq 0$，方程的系数满足条件，因此可直接求解。

程序如下：

```
/*  e3_11.c  */
#include <stdio.h>
#include <math.h>
void main()
{
    float a,b,c,d,x1,x2;
    printf("Please input a,b,c:");
    scanf("%f,%f,%f",&a,&b,&c);
    d = sqrt(b*b - 4*a*c);
    x1=(-b+d)/(2*a);
    x2=(-b-d)/(2*a);
    printf("x1=%f, x2=%f\n",x1,x2);
}
```

程序的运行结果如图 3-15 所示。

```
Please input a,b,c:2,3,1
x1=-0.500000, x2=-1.000000
```

图 3-15　例 3-11 的运行结果

【例 3-12】分析下面程序的运行结果。

```
/*  e3_12.c  */
#include <stdio.h>
void main()
```

```
{
  int i,j;
  i=10;
  printf("%d,%d,%d\n",i--,j=i++,j=++i);
  printf("%d,%d\n",i,j);
  printf("%d,%d\n",i+j,j++);
  printf("%d,%d\n",i+j,++j);
  printf("%d\n",(++j+j++));
}
```

本程序在 TC 和 VC 下运行结果不同。是输出的结果,左边是 TC 下的运行结果,右边是 VC 下的运行结果如图 3-16 所示。

图 3-16 例 3-12 的运行结果

【分析】为了理解程序的执行过程,下面给出一个针对性测试程序及其输出结果(如图 3-17 所示),左边是 TC 下的运行结果,右边是 VC 下的运行结果。

```
#include <stdio.h>
void main()
{
  int i,j,k;
  printf("%d,%d,%d\n",k=j+5,j=i+5,i=10);
  printf("%d,%d,%d\n",k=j++,j=i++,i=10);
  printf("%d,%d,%d\n\n",k=++j,j=++i,i=10);


  printf("%d,%d,%d\n",i+j+5,j=i+5,i=10);
  printf("%d,%d,%d\n",i+j++,j=i++,i=10);
  printf("%d,%d,%d\n",i+++j,j=++i,i=10);
}
```

图 3-17 测试程序的运行结果

TC 和 VC 下的输出基本一样,但第五行输出出现了不同。TC 下分别为 21、10、10,而 VC 下分别为 20、10、10。对应的语句是:

```
printf("%d,%d,%d\n",i+j++,j=i++,i=10);
```

显然,VC 中并没有把 j=i++ 后缀的影响体现在 i+j++ 上。这个差别也可以解释例 3-12。

【思考】如果从第 2 行开始将输出项 i=10 改成 i,结果将会是什么?

本章小结

本章介绍了顺序程序结构、赋值语句、基本的输入/输出函数。其中重点讲解了以下几方面的内容：

（1）程序结构。C 程序的结构分为顺序结构、选择结构、循环结构。任何 C 程序都由这 3 种结构构成。

（2）赋值语句。由赋值运算表达式构造的赋值语句是最常用的语句，是对变量的最基本操作。

（3）基本的输入/输出函数。

1）格式化输出函数 printf 和格式化输入函数 scanf。

2）字符输出函数 putchar 和字符输入函数 getchar。

使用上述函数需要包含头文件 stdio.h，TC 中允许在使用 printf 和 scanf 函数时忽略包含该头文件。

（4）格式字符。

格式字符是以%开头、类型字符结尾的特殊字符串，其中输出格式字符要更为复杂些。

1）输出格式字符。可以简单理解成：%[标志][宽度][精度][长度] 类型。

类型字符是必须有的，主要有 d、o、x、u、f、e、g、c、s，其中 d、o、x、u 用于整型数据，f、e、g 用于实型数据，c、s 用于字符型数据。

- d 表示十进制整数，o 表示八进制整数，x 表示十六进制整数，u 表示无符号整数。
- f 表示十进制小数，e 表示十进制指数，g 表示自动选取 f 或 e 中较短长度的格式。
- c 表示单个字符，s 表示一串字符。
- x、e、g 可以是大写的 X、E、G，相应输出结果中的字母也将是大写。
- e 默认输出 5 位小数，指数部分 TC 下默认 2 位、VC 下默认 4 位。
- g 默认输出 1 位小数。

标志、宽度、精度、长度是可选的，如果没有设置，则按默认的格式输出。

标志有+、-、0 三种字符，"+"用于增加标注正数前面的"+"号，"-"用于更改对齐方式为左对齐，"0"用于修改默认空余填充的空格为"0"。

宽度是十进制整数，不是强制执行的，当宽度小于实际宽度时无效，如果超出，则默认填充空格。当宽度超出实际宽度时，还会带来对齐的问题，默认是右对齐。

精度是十进制整数，主要用于实型和字符型数据的输出控制。实型数默认输出 6 位小数，精度可以修改小数位数，精度不同于有效数字位数。

同时包含宽度和精度的格式串，首先处理精度，然后得到实际宽度，再把设置的宽度和实际宽度比较，超出则填充空格，否则设置宽度无效。

长度有 h、l 两种字符。h 用于标注是短整型，l 用于标注是长整型或 double 实型。值得注意的是，32 位机器下，VC 编程环境中 int 和 long 都是 4 个字节，在输出 long 型数据时可以不加 l 修饰了。

2）输入格式字符。可以简单理解成：%[*][宽度][长度] 类型。

很显然，输入格式字符要简单得多。

宽度、长度和类型的意义基本同输出格式符。"*"表示虚读。

习题三

一、选择题

1. 若 x、y、z 都定义是 int 类型且初值为 0，则以下不正确的赋值语句是（　　）。
   A．x=y=z+10;　　B．x+=y+2;　　C．z++;　　D．x+y+z;
2. 下面不是 C 语言语句的是（　　）。
   A．int i;　　B．;　　C．a=1,b=5　　D．{;}
3. 以下合法的 C 语言赋值语句是（　　）。
   A．a=b=58　　B．k=a+b　　C．a=58,b=58　　D．- -i;
4. 运行下面的程序：
   ```
   #include <stdio.h>
   void main()
   {
       int a=5,b=3;
       printf("%d\n",a=a/b);
   }
   ```
   则输出结果是（　　）。
   A．5　　B．1　　C．3　　D．2
5. 若变量已正确说明为 int 类型，要给 a、b、c 输入数据，以下正确的输入语句是（　　）。
   A．scanf("%d%d%d",&a,&b,&c);　　B．scanf("%d%d%d",a,b,c);
   C．scanf("%D%D%D",&a,&b,&c);　　D．scanf("%d%d%d",&a;&b;&c);
6. 已知 a、b、c 为 float 类型，执行语句：scanf("%f%f%f",&a,&b,&c);使得 a 为 10，b 为 20，c 为 30，则以下不正确的输入形式是（　　）。
   A．10　　　　　B．10.0,20.0,30.0　　C．10.0　　　　D．10 20
   　　20　　　　　20.0 30.0　　　　　　30
   　　30
7. 若变量已正确定义，现要将 a 和 b 中的数据进行交换，下面不正确的是（　　）。
   A．a=a+b,b=a-b,a=a-b;　　B．t=a,a=b,b=t;
   C．a=t; t=b; b=a;　　D．t=b; b=a; a=t;
8. 执行下面的程序：
   ```
   #include <stdio.h>
   void main()
   {
       int a=1,b=2,c=3;
       c=(a+=a+2),(a=b,b+3);
       printf("%d,%d,%d\n",a,b,c);
   }
   ```

则输出结果是（   ）。

  A．2,2,4   B．4,2,3   C．4,2,5   D．5,5,3

9. 执行下面的程序：

```c
#include <stdio.h>
void main()
{
    int a;
    float b,c;
    scanf("%2d%3f%4f",&a,&b,&c);
    printf("\na=%d,b=%.1f,c=%.1f\n",a,b,c)
}
```

运行时，从键盘上输入 12345654321↙，则输出结果是（   ）。

  A．a=12,b=345,c=6543   B．a=12,b=123,c=1234

  C．a=12,b=345.0,c=6543.0 D．a=12.0,b=345.0,c=6543.0

10. 执行下面的程序：

```c
#include <stdio.h>
void main()
{
    int a=3,b=7;
    printf("a=%%d,b=%%d\n",a,b);
}
```

则输出结果是（   ）。

  A．a=%3,b=%7 B．a=%d,b=%d C．a=%%d,b=%%d D．a=3,b=7

二、阅读程序，写出程序运行结果

1.
```c
#include <stdio.h>
void main()
{
    float d, f;
    long k;  int i;
    i=f=k=d=20/3;
    printf("%3d%3ld%5.2f%5.2f \n", i,k,f,d);
}
```

2.
```c
#include <stdio.h>
void main()
{
    int x=0177;
    float y=123.4567;
    printf("x=%2d,x=%6d,x=%o,x=%x\n",x,x,x,x);
    printf("y=%8.4f,y=%8.2f,y=%.5f\n",y,y,y);
}
```

3.
```c
#include <stdio.h>
void main()
{
```

```
       int a=1,b=2;
       a+=b;b=a-b;a-=b;
       printf("%d,%d\n",a,b);
   }
```

4. ```
   #include <stdio.h>
   void main()
   {
       int a=1234;
       printf("%2d\n",a);
   }
   ```

5. ```
   #include <stdio.h>
   void main()
   {
       int x=3,y=5;
       printf("%d,%d\n",(x--,--y),x++);
   }
   ```

6. ```
   #include <stdio.h>
   void main()
   {
       int a=3;
       printf("%d,%d\n",a,(a-=a*a));
   }
   ```

三、程序设计题

1. 编程求方程 $2x^2-3x-6=0$ 的根。
2. 已知正方体的棱长为 3.2，求正方体的体积和表面积（保留 2 位小数）。
3. 输入 3 个整数 a、b、c，编程交换它们的值，即把 a 中的值给 b，把 b 中的值给 c，把 c 中的值给 a。
4. 编程将任意输入的小写字母转化成大写字母并输出。
   ```

第 4 章　选择结构程序设计

- 掌握关系表达式和逻辑表达式的组成及运算
- 理解选择结构（分支结构）程序设计的概念
- 掌握 if 语句、switch 语句的基本结构及执行过程
- 学会简单的选择结构程序设计

4.1　关系运算符与关系表达式

4.1.1　关系运算符

1. 关系运算符

C 语言提供了 6 种关系运算符：＞（大于）、＞=（大于等于）、＜（小于）、＜=（小于等于）、==（等于）、!=（不等于）。

关系运算符用于判断和比较，其结果只有两个：真和假，我们称之为逻辑值。C 语言习惯用 1 表示真，用 0 表示假，需要特别指出的是所有非 0 的值在 C 语言中都当作真值处理。

关系运算符都是双目运算符，要求两个操作数是同一种数据类型，其结果为逻辑值。即关系成立时，其值为真，否则为假。

2. 优先级和结合性

关系运算符的优先级低于算术运算符，关系运算符中＞、＞=、＜、＜=优先级相同；==和!=的优先级低于前 4 种。优先级次序由低到高如下所示：

关系运算符==、!= ➔ 关系运算符＞、＞=、＜、＜= ➔ 算术运算符

"➔"表示优先级由低到高。

例如：

| a+b > c-d | 等价于 | (a+b) > (c-d) |
| a>b == c | 等价于 | (a>b) == c |

3. 结合性

关系运算符的结合性均为左结合。若有多个关系运算同时进行时，按优先级次序运算，优先级相同时从左向右计算。例如：

| a>b<c | 等价于 | (a>b)<c |
| a!=b>c | 等价于 | a!=(b>c) |

4.1.2 关系表达式

关系表达式的一般形式为：

  表达式　关系运算符　表达式

关系运算符将两个表达式连接起来，运算的结果是逻辑值。以下是合法的关系表达式：

  a>b
  'a'+1 != 'b'
  3.1415 = = 3.1416

表达式也可以嵌套，例如：

3>4<5　　等价于　　　(3>4)<5　　等价于　　0<5　　等价于　　1

不同的关系表达式可能表达的意思是相同的。例如，对于 int 型变量 a，表达式 a>=100 相当于 a>99。

4.2 逻辑运算符与逻辑表达式

4.2.1 逻辑运算符

1. 逻辑运算符

C 语言提供了 3 种逻辑运算符：!（逻辑非）、&&（逻辑与）、||（逻辑或）。

其中，与运算符（&&）和或运算符（||）为双目运算符，非运算符（!）为单目运算符。例如：

a&&b　　当且仅当 a、b 都为真时，结果为真
a||b　　当且仅当 a、b 都为假时，结果为假
!a　　当 a 为真时，结果为假；当 a 为假时，结果为真

当逻辑运算符两边表达式的值为不同的组合时，各种逻辑运算得到的结果也是不同的，表 4-1 列出了逻辑运算的"真值表"。

表 4-1　逻辑运算的真值表

a	b	!a	!b	a&&b	a||b
真	真	假	假	真	真
真	假	假	真	假	真
假	真	真	假	假	真
假	假	真	真	假	假

2. 优先级

逻辑运算符的优先级各不相同，具体如下（"➔"表示优先级由低到高）：

逻辑或运算符（||）➔逻辑与运算符（&&）➔关系运算符➔双目算术运算符（+、-、*、/、%等）➔逻辑非运算符（!）、单目算术运算符（++、--等）

C 语言中，单目运算符级别相同。例如：

a>b && c>d　　　　等价于　　　　　(a>b) && (c>d)

!a= =b || c>d   等价于   ((!a) = =b) || (c>d)

3. 结合性

逻辑运算符中，非运算符（!）的结合性为右结合；与运算符（&&）和或运算符（||）的结合性为左结合。

4.2.2 逻辑表达式

逻辑表达式的一般形式为：

  表达式　逻辑运算符　表达式

逻辑表达式的值也是逻辑值，即 0 或 1。下面是合法的逻辑表达式：

  a>b || c<d && e<f

【例 4-1】分析下面程序段的运行结果。

```
/*   e4_1.c   */
#include <stdio.h>
void main()
{
  char c;
  int a,b;
  c='A';
  a=1;
  b=2;
  printf("c>\'B\'=%d\n",c>'B');
  printf("a>b>2=%d\n",a>b>2);
}
```

程序的运行结果如图 4-1 所示。

```
c>'B'=0
a>b>2=0
```

图 4-1　例 4-1 的运行结果

逻辑表达式中表达式 a>b>2 的值为 0 的原因是先计算 a>b，结果为 0，再计算 0>2，结果为 0。如果先计算 b>2 结果为 0，再计算 a>0，则最后结果将为 1。

注意：逻辑运算符的"短路"现象。

由于&&和||运算的左结合性及运算特点，若&&运算符左边的表达式为假（或 0），则其右边的表达式将不再运算，整个表达式的值必然为假；同理，若||运算符左边的表达式为真（或非 0 值），则其右边的表达式将不再运算，整个表达式的值必然为真。例如：

  3>5 && ++b

由于表达式 3>5 的值为 0，因此&&运算符右边的式子将不再运算（即 b 的值不变），整个逻辑表达式的值为 0。

同理：

  3<5 || ++b

由于表达式 3<5 的值为 1，因此||运算符右边的式子将不再运算（即 b 的值不变），整个逻辑表达式的值为 1。

【例 4-2】测试短路现象。

```c
#include <stdio.h>
void main()
{
    int a,b;
    a=b=0;
    a || ++b; printf("%d,%d\n",a,b);
    a=b=1;
    a || ++b; printf("%d,%d\n",a,b);
    a=b=0;
    a && ++b; printf("%d,%d\n",a,b);
    a=b=1;
    a && ++b; printf("%d,%d\n",a,b);
}
```

```
0,1
1,1
0,0
1,2
```

图 4-2 例 4-2 的运行结果

程序的运行结果如图 4-2 所示。

下面是一个有趣的测试程序。

【例 4-3】测试短路现象。

```c
#include <stdio.h>
int show(int n,int a)
{
    printf("(%d,%d)",n,a);
    return a;
}
void main()
{
    int a;
    a = show(1,1) || show(2,2) && show(3,3); printf("a=%d\n",a);
    a = show(1,0) || show(2,0) && show(3,1); printf("a=%d\n",a);
    a = show(1,0) || show(2,1) && show(3,2); printf("a=%d\n",a);
}
```

程序中 int show(int n,int a) 是一个自定义的函数，关于函数将在第 7 章详细介绍，这里主要是为了测试需要。函数 show 的功能很简单：输出 n 和 a，并返回 a 的值。

程序的运行结果如图 4-3 所示。

```
(1,1)a=1
(1,0)(2,0)a=0
(1,0)(2,1)(3,2)a=1
```

图 4-3 例 4-3 的运行结果

主函数中 a = show(1,1) || show(2,2) && show(3,3);含有逻辑表达式，通过其对应的输出结果(1,1)可以看出：show(2,2)和 show(3,3)并没有执行，这是因为 show(1,1)返回值是 1，是逻辑真值，出现短路现象，逻辑运算符||后面的表达式将被忽略。

主函数中 show(1,0) || show(2,0) && show(3,1);则不同，show(1,0)返回 0，不能忽略逻辑或运算符||右边的表达式 show(2,0)，由于 show(2,0)也等于 0，所以 show(1,0) || show(2,0)的值等于 0，对于运算符&&，也出现短路现象，show(3,1)没有被执行。

同样可以理解最后一个输出项。

注意 show 函数的两个参数，前者用于标注执行次序，后者用来作为返回值。输出的结果为(2,1)。

可以尝试输出：
```
printf("%d,%d,%d\n",show(1,5),show(2,6),show(3,7));
```
会发现输出的结果是：
```
(3,7)(2,6)(1,5)5,6,7
```
由此可以发现 printf 函数参数处理顺序为：show(3,7) → show(2,6) → show(1,5) → 按格式%d,%d,%d 输出 3 个输出项。

4.3 if 语句

如何找出两个数中的较大数？这个时候需要判断两个数的大小关系，根据大小关系选择不同的处理方式，这就是程序简单的"智能"。C 语言通过选择结构来实现这个功能。

4.3.1 单分支 if 语句

单分支 if 语句的一般形式为：

   if (表达式) 语句;

执行过程：首先判断表达式的值是否为真，若表达式的值非 0，则执行其后的语句；否则不执行该语句。if 语句的控制流程如图 4-4 所示。

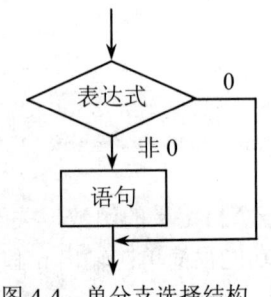

图 4-4 单分支选择结构

【例 4-4】从键盘输入一个整数，判断是否是偶数，若是，则输出"Yes"。
```
/*  e4_4.c  */
#include <stdio.h>
void main()
{
    int a;
    printf("Please input a:");
    scanf("%d",&a);
    if(a%2==0)
        printf("Yes\n");
}
```
程序运行时，若输入 8<回车>，则程序的运行结果如图 4-5 所示。

```
Please input a:8                Please input a:7
Yes
```

图 4-5　例 4-4 的运行结果

如果输入的不是偶数，程序将不输出"Yes"。

4.3.2　双分支 if 语句

双分支 if 语句为 if-else 形式，语句的一般形式为：

```
if(表达式)
    语句1;
else
    语句2;
```

执行过程：当表达式的值为真时，执行语句 1；否则执行语句 2。双分支 if 语句的控制流程如图 4-6 所示。

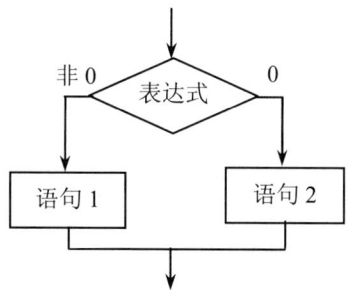

图 4-6　双分支选择结构

【例 4-5】从键盘输入一个整数，判断是否是偶数，若是，则输出"Yes"，否则输出"No"。

```
/* e4_5.C  */
#include <stdio.h>
void main()
{
    int a;
    printf("Please input a:");
    scanf("%d",&a);
    if(a%2==0)
        printf("Yes\n");
    else
        printf("No\n");
}
```

程序的运行结果如图 4-7 所示。

```
Please input a:8        Please input a:7
Yes                     No
```

图 4-7　例 4-5 的运行结果

【例 4-6】从键盘输入两个整数，输出其中最大者。

```
/* e4_6.C */
#include <stdio.h>
void main()
{
   int a,b;
   printf("Please input a,b:");
   scanf("%d,%d",&a,&b);
   if(a>b)
        printf("max=%d\n",a);
   else
        printf("max=%d\n",b);
}
```
程序运行时，若输入 10,20<回车>，则程序的运行结果如图 4-8 所示。

```
Please input a,b:10,20
max=20
```

图 4-8　例 4-6 的运行结果

4.3.3　多分支选择结构

多分支选择结构的 if 语句一般形式为：
　　if(表达式 1) 语句 1;
　　　else if (表达式 2) 语句 2;
　　　…
　　　else if (表达式 n) 语句 n;
　　　　else 语句 n+1;

执行过程：依次判断表达式的值，当某个表达式的值为真时，执行其对应的语句，然后跳到整个 if 语句之外继续执行程序；如果所有的表达式均为假，则执行语句 n，然后继续执行后续程序。多分支选择结构的 if 语句控制流程如图 4-9 所示。

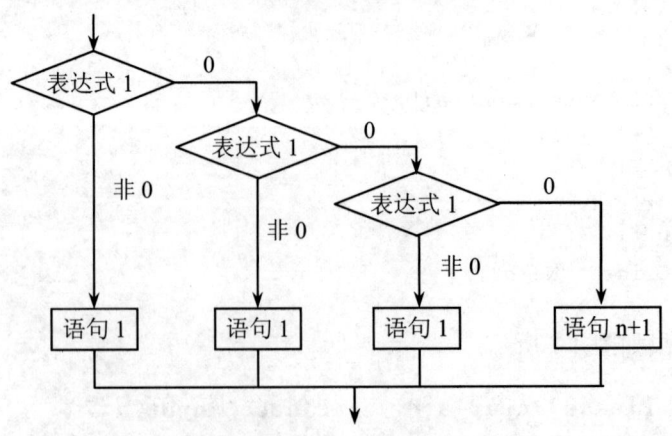

图 4-9　多分支选择结构

【例 4-7】输入出租车类型和里程，计算打车的费用。计算方式为：3 公里以内 8 元；3

公里以上 0 车型每公里 1.5 元，1 车型每公里 2 元。

```
/* e4_7.c */
#include <stdio.h>
void main()
{
    int taxiType;
    float s;
    float money;
    printf("Input taxi type(0,1):");
    scanf("%d",&taxiType);

    printf("Input s:");
    scanf("%f",&s);

    if(s < 3 )
         money = 8;
    else
       if( taxiType == 0)
           money = 8 + (s-3)*1.5;
       else
           money = 8 + (s-3)*2;

    printf("money=%.2f\n",money);

}
```

分别输入车型、里程为 0、2.5，0、6 和 1、6 后，3 次程序的运行结果如图 4-10 所示。

```
Input taxi type(0,1):0
Input s:2.5
money=8.00

Input taxi type(0,1):0
Input s:6
money=12.50

Input taxi type(0,1):1
Input s:6
money=14.00
```

图 4-10 例 4-7 的运行结果

以上程序存在分支结构的嵌套，一个分支结构作为另外一个分支结构的分支模块。
请考虑以下情况：

（1）不同车型的起步价不同，如何处理？

（2）打车费用通常是四舍五入，如何处理？

首先来看 if(a= =2) 和 if(a=2) 的区别。a= =2 是逻辑表达式，a=2 是赋值表达式。前者的值取决于 a 是否等于 2；后者的值就是 2。if 语句中的表达式可以是任意表达式，只要该表达式的值是 0，则作为逻辑假处理，否则以逻辑真处理。下面的 printf 语句总是能被执行：

```
if(x=1) printf("ok");
```

其次，在 if 语句的 3 种形式中，所有的语句应为单个语句，单个语句也可以被复杂化为复合语句。例如：
```
if(…)
{
  x=100;
  printf("%d",x);
}
else
{
  y=200;
  printf("%d",y);
}
```
注意：复合语句的花括号不能少。

最后来看条件表达式的不同书写方法。

条件表达式可以有多种写法，前面提到过对于整型变量 a，表达式 a>=100 和 a>99 是一回事。下面是更加复杂的情况。

x= =0	可以写成	!x
x!=0	可以写成	x
x= =1	可以写成	!(x-1)
a%2==1	可以写成	a%2
a%3==0 && a%7==0	可以写成	a%21==0
a>100	可以写成	!(a<=100)

4.3.4 if 语句的嵌套

当 if 语句中的单个语句复杂化为另外一个 if 语句时，称为 if 语句的嵌套。其一般形式如下：
```
if (表达式)
    if (表达式) 语句1;
    else        语句2;
else
    if (表达式) 语句3;
    else        语句4;
```
当出现多个 if 和 else 时，就会存在 else 和 if 配对的问题。C 语言规定 else 总是和其前面最近的没有 else 配对的 if 配对。当然，配对后必须能构成一个合理的选择结构才行，如图 4-11 所示。

```
 ┌ if(a)
 │   if(b)    c;
 │   else
 │            d;
 └ else

 ┌ if(e)
 │   {if(f)g;}
 └ else
              h;
```

图 4-11 if 和 else 配对关系示意图

最后一个 else 前面的两个 if 都没有 else 配对，但花括号中的 if 不能与其配对，虽然离其最近，因为不能构成合理的选择结构，所以是花括号前面的 if(e)和最后一个 else 配对。

【例 4-8】输入一个正整数作为年份，编程判断该年是不是闰年。若是输出"YES"，否则输出"NO"。

【分析】满足下面条件之一即为闰年：
- 能被 4 整除，但不能被 100 整除。
- 能被 400 整除。

```
/* e4-8.C  */
#include  "stdio.h"
void main()
{
    int year;
    scanf("%d",&year);
    if(year%400 == 0)
        printf("Yes\n");
    else
        if(year%4 == 0 && year%100 != 0)
            printf("Yes\n");
        else
            printf("NO\n");
}
```

程序运行时，若输入 2012<回车>，则程序的运行结果如图 4-12 所示。

图 4-12 例 4-8 的运行结果

其实程序可以进一步简化为：

```
#include  "stdio.h"
void main()
{
    int year;
    scanf("%d",&year);
    if(year%400 == 0 || ( year%4 == 0 && year%100 != 0))
        printf("Yes\n");
    else
        printf("NO\n");
}
```

4.3.5 条件运算符和条件表达式

1. 条件运算符

条件运算符是 C 语言中唯一的一个三目运算符，由"?"和"："组合而成，要求有 3 个操作对象，并且 3 个操作对象都是表达式。

2. 条件表达式

由条件运算符构造成的表达式称为条件表达式。
条件表达式的一般形式为：

表达式 1? 表达式 2：表达式 3

条件运算的求值规则为：计算表达式 1 的值，若表达式 1 的值为真，则以表达式 2 的值作为整个条件表达式的值，否则以表达式 3 的值作为整个条件表达式的值。

前面学过的选择结构也可以用条件表达式完成，例如：

```
if(x>y)
    max=x;
else
    max=y;
```

用条件表达式可以写成：

```
max=x>y?x:y
```

（1）优先级。条件运算符的运算优先级低于关系运算符和算术运算符，高于赋值运算符。下面两个式子是等价的：

```
max=(x>y)?x:y
max=x>y?x:y
```

（2）结合性。条件运算符的结合方向是自右至左。例如：

a>b?a:c>d?c:d   等价于   a>b?a:(c>d?c:d)

（3）条件表达式中，表达式 1 通常为关系或逻辑表达式，表达式 2、3 的类型可以是任意表达式。

【例 4-9】用条件运算符输出 3 个整数中的最大者。

```
/*  e4-9.C  */
#include <stdio.h>
void main()
{
    int a,b,c,max;
    printf("input a,b,c:");
    scanf("%d,%d,%d",&a,&b,&c);
    max = a>b?a:b;
    max = c>max?c:max;
    printf("max=%d\n",max);
}
```

```
input a,b,c:3,8,6
max=8
```

程序运行时，若输入 3，8，6<回车>，则程序的运行结果如图 4-13 所示。

图 4-13　例 4-9 的运行结果

4.4　switch 语句

利用嵌套的 if 语句可以处理多个分支的问题，当分支太多的时候，if 语句嵌套的层次数将越多，必然给程序的设计带来困难，还会使程序冗长、可读性差。有没有其他方法能解决多分支问题呢？

C 语言为我们提供了专门用于解决多分支选择问题的语句——switch 语句，其一般形式为：

```
switch(表达式)
{
    case 常量表达式 1：语句 1；
```

```
        case 常量表达式 2：语句 2；
        …
        case 常量表达式 n：语句 n；
        default: 语句 n+1；
}
```

执行过程：计算表达式的值，并逐个与 case 后的常量表达式值相比较。当表达式的值与某个常量表达式的值相等时，即执行 case 后的语句，然后不再进行判断，继续执行后面所有 case 后的语句。若表达式的值与所有 case 后的常量表达式均不相同时，则执行 default 后的语句。

【例 4-10】输入一个十进制数，根据输入的数输出所对应的英文星期单词，若所输入的数小于 1 或大于 7，则输出"Error"。

```
/*  e4_10.c   */
#include <stdio.h>
void main()
{
    int a;
    printf("Input a:");
    scanf("%d",&a);
    switch(a)
    {
        case 1:printf("Monday\n");
        case 2:printf("Tuesday\n");
        case 3:printf("Wednesday\n");
        case 4:printf("Thursday\n");
        case 5:printf("Friday\n");
        case 6:printf("Saturday\n");
        case 7:printf("Sunday\n");
        default: printf("Error\n");
    }
}
```

```
Input a:1
Monday
Tuesday
Wednesday
Thursday
Friday
Saturday
Sunday
Error
```

图 4-14　例 4-10 的运行结果

程序运行时，若输入 1<回车>，则程序的运行结果如图 4-14 所示。

结果显然不符合设计初衷。输入 1 之后，却输出了 Monday 及以后的所有单词。为什么会出现这种情况呢？

在 switch 语句中，"case 常量表达式"只起语句标号的作用，并不是每次都进行条件判断。这是与前面介绍的 if 语句完全不同的，应特别注意。当执行 switch 语句时，程序会根据 case 后面表达式的值找到匹配的入口标号，并由此处开始执行下去，不再进行判断。为了避免这种情况，C 语言提供了 break 语句，专门用于跳出 switch 语句。break 语句不但可以用在 switch 语句中终止 switch 语句的执行，还可以用在循环中终止循环。关于 break 语句将在第 5 章中详细介绍。

下面的 switch 语句格式才是例 4-10 需要的：

```
switch(表达式)
{
```

```
    case 常量表达式 1：语句 1;break;
    case 常量表达式 2：语句 2; break;
    …
    case 常量表达式 n：语句 n; break;
    default：语句 n+1;
}
```

最后面的"default：语句 n+1;"之后有没有 break 已经无所谓了。

修改后的例 4-10 程序如下：

```
#include <stdio.h>
void main()
{
    int a;
    printf("Input a:");
    scanf("%d",&a);
    switch(a)
    {
        case 1:printf("Monday\n");break;
        case 2:printf("Tuesday\n");break;
        case 3:printf("Wednesday\n");break;
        case 4:printf("Thursday\n");break;
        case 5:printf("Friday\n");break;
        case 6:printf("Saturday\n");break;
        case 7:printf("Sunday\n");break;
        default: printf("Error\n");break;
    }
}
```

程序的运行结果如图 4-15 所示。

```
Input a:1
Monday
```

图 4-15 例 4-10 的修改后的运行结果

注意：

（1）switch 后跟的"表达式"允许为任何类型的表达式，其数据类型和 case 后面的常量表达式的数据类型一致。

（2）每一个 case 后的各常量表达式的值不允许重复，否则会报错。

（3）每一个 case 后允许有多条语句，可以不用花括号"{}"括起来。

（4）case 和 default 子句出现的先后顺序可以变动，不会影响程序的执行结果。default 子句也可以省略不用。

（5）多个 case 可以共用一组执行语句。例如：

```
    …
    case 'A':
    case 'B':
    case 'C':printf("Pass\n");break;
    …
```

下面是一个测试程序，如果运行后输入 3<回车>，请分析运行的结果。

```c
#include <stdio.h>
void main()
{
   int a;
   printf("Input a:");
   scanf("%d",&a);
   switch(a)
   {
        default:printf("%d",a);
        case 10:printf("A");break;
        case 11:printf("B");break;
        case 12:printf("C");break;
        case 13:printf("D");break;
        case 14:printf("E");break;
        case 15:printf("F");break;
   }
   printf("\n");
}
```

4.5 程序举例

【例 4-11】输入一个 100 以内的十进制正整数，判断该数是否包含数字字符"6"。若是输出"Yes!"，否则输出"No!"。

【分析】100 以内的十进制正整数要么是一位数，要么是两位数。一位数直接判断是否等于 6 即可，两位数需要分别判断个位数和十位数。对于任意两位数，其个位数是对 10 求得的余数，十位数是整除 10 的商。例如，36%10 等于 6，36/10 等于 3。

```c
/*  e4-11.C   */
#include <stdio.h>
void main()
{
   int a;
   printf("Input a:");
   scanf("%d",&a);
   if(a==6 || (a%10 == 6 || a/10==6))
        printf("Yes!\n");
   else
        printf("No!\n");
}
```

程序运行时，分别输入 36 和 33，两次程序的运行结果如图 4-16 所示。

```
Input a:36        Input a:33
Yes!              No!
```

图 4-16 例 4-11 的运行结果

其实，判断是否含数字字符 6 的表达式可以进一步简化为：
```
a%10 == 6 || a/10==6
```
因为一位数 6 对 10 求余也等于 6。

【思考】如果输入两位以上的整数呢？

【例 4-12】输入 3 个数，按从小到大的顺序输出。

【分析】这是一个简单的排序。前面我们学过如何交换两个数，而有条件的交换可以实现排序。

```
/* e4-12.c   */
#include "stdio.h"
void main()
{
   int a, b, c, t ;
   printf ("Input a,b,c:");
   scanf ("%d,%d,%d", &a, &b, &c);
   if (a>b)
   {
       t=a; a=b; b=t;
   }
   if (b>c)
   {
       t=b; b=c; c=t;
   }
   if (a>b)
   {
       t=a; a=b; b=t;
   }
   printf ("%d <= %d <=%d\n", a, b, c);
}
```

程序运行时，若输入 3,8,6<回车>，则程序的运行结果如图 4-17 所示。

```
Input a,b,c:3,8,6
3 <= 6 <=8
```

图 4-17　例 4-12 的运行结果

程序用了 3 条 if 语句。前两个 if 语句必然把最大的数放在 c 的位置。最后一个 if 语句将次大数放在 b 的位置，剩下的 a 必然是最小的数了。如果是 4 个数呢？程序可以写成：

```
#include "stdio.h"
void main()
{
   int a, b, c, d,t ;
   printf ("Input a,b,c,d:");
   scanf ("%d,%d,%d,%d", &a, &b, &c ,&d);
   if (a>b)  { t=a; a=b; b=t;}
   if (b>c)  { t=b; b=c; c=t;}
   if (c>d)  { t=c; c=d; d=t;}
```

```
    if (a>b) { t=a; a=b; b=t;}
    if (b>c) { t=b; b=c; c=t;}

    if (a>b) { t=a; a=b; b=t;}

    printf ("%d <= %d <=%d <=%d\n", a, b, c,d);
}
```

程序中用了 6 条 if 语句。这是一种排序算法，具体的将在第 6 章详细介绍。

【例 4-13】将一个百分制的成绩（设是整数）转化成 5 个等级：90 分以上为'A'，80～89 分为'B'，70～79 分为'C'，60～69 分为'D'，60 分以下为'E'。例如，输入 75，则显示 C。

【分析】先判断输入的数据是否在合理的分数范围（0～100）内，然后再判断是哪个分数段：90 分以上输出 A，80～89 分输出 B，70～79 分输出 C，60～69 分输出 D，否则显示 E。

```c
/*  e4-13.c   */
#include <stdio.h>
void main()
{
    int a;
    printf("Input a:");
    scanf("%d",&a);
    if( a<0 || a>100)
        printf("Input data error\n");
    else
        if(a>=90)
            printf("A\n");
        else
            if(a>=80)
                printf("B\n");
            else
                if(a>=70)
                    printf("C\n");
                else
                    if(a>=60)
                        printf("D\n");
                    else
                        printf("E\n");
}
```

程序运行时，若输入 66<回车>，则程序的运行结果如图 4-18 所示。

```
Input a:66
D
```

图 4-18 例 4-13 的运行结果

上面的程序是利用多分支 if 语句的结构编写的，也可以利用 switch 语句来实现上面的程序段。

【分析】使用 switch 语句，当然最笨的办法是每一个分数一个 case 分支，将需要 101 个分支，显然这种程序不值得推荐。那么有没有简化的办法呢？

其实，任何好的算法都是对问题分析和提炼的结果。

题目中 60 分以上都是每 10 分一个层次，60 分以下是一个层次。只要把每个层次的共性找到就容易找到简化程序的办法了。

以 60~69 为例。每个分数的十位数都是 6，对于该层次的成绩，整除 10 的结果都是 6。同样对于 70~79、80~89、90~99 都是一样。而 69 分以下的成绩整除 10 的结果都小于 6。

下面是实现以上算法思想的程序：

```c
/*  e4_13_2.c  */
#include <stdio.h>
void main()
{
    int a;
    printf("Input a:");
    scanf("%d",&a);
    if( a<0 || a>100)
        printf("Input data error\n");
    else
        switch(a/10)
        {
            case 10:
            case 9 : printf("A\n");break;
            case 8 : printf("B\n");break;
            case 7 : printf("C\n");break;
            case 6 : printf("D\n");break;
            default: printf("E\n");
        }
}
```

本章小结

根据某种条件的成立与否而采用不同的程序段进行处理的程序结构称为选择结构，也称为分支结构。选择结构体现了程序的逻辑判断能力。

对于条件的判断，C 语言采用逻辑值 1 和 0 分别表示真和假。产生这种逻辑值的表达式是关系表达式和逻辑表达式。二者可以统称条件表达式。

C 语言采用 if 语句和 switch 语句描述选择结构。

if 语句可分为单分支、双分支和多分支。一般采用 if 语句实现简单的分支结构程序。

switch 语句和 break 语句配合可以实现多分支结构程序。

嵌套的 if 语句和 siwtch 语句都能设计完成多分支的程序，二者各有特色。对于条件具备规律性的问题，采用 switch 语句效率更好，可读性也更好。

习题四

一、选择题

1. 若 x 为 int 类型，则下面与逻辑表达式!x 等价的 C 语言关系表达式是（　　）。
   A．x==1　　　　B．x!=1　　　　C．x==0　　　　D．x!=0
2. 能正确表示逻辑关系 a≥5 或 a≤-1 的 C 语言表达式是（　　）。
   A．a>=5 or a<=-1　　B．a>=5|a<=-1　　C．a>=5 &&a<=-1　　D．a>=5||a<=-1
3. if 语句的控制条件是（　　）。
   A．只能用关系表达式　　　　　　B．只能用关系表达式或逻辑表达式
   C．只能用逻辑表达式　　　　　　D．可以用任何表达式
4. 设 int x=2, y=1;，则表达式(!x||y--)的值是（　　）。
   A．0　　　　　　B．1　　　　　　C．2　　　　　　D．-1
5. 与 y=(x>0?1:x<0?-1:0);的功能相同的 if 语句是（　　）。
   A．if (x>0) y=1;
       else if(x<0)y=-1;
       else y=0;
   B．if(x)
       if(x>0)y=1;
       else if(x<0)y=-1;
       else y=0;
   C．y=-1;
       if(x)
         if(x>0)y=1;
          else if(x==0)y=0;
       else y=-1;
   D．y=0;
       if(x>=0)
       if(x>0)y=1;
       else y=-1;
6. 假定 w、x、y、z、m 均为整型变量，且 w=1，x=2，y=3，z=4，则执行语句 m=(w<x)?w:x;m=(m<y)?m:y;m=(m<z)?m:z;后，m 的值是（　　）。
   A．4　　　　　　B．3　　　　　　C．2　　　　　　D．
7. 有如下程序段：
   ```
   int a=14,b=15,x;
   char c='A';
   x=(a&&b)&&(c<'B');
   ```
   执行该程序段后，x 的值为（　　）。
   A．ture　　　　B．false　　　　C．0　　　　　　D．1
8. 设 x、y、t 均为 int 型变量，则执行语句 x=y=2;t=++x||++y;后，y 的值为（　　）。
   A．不确定　　　B．2　　　　　　C．3　　　　　　D．1
9. 若有定义：float w; int a, b;，则合法的 switch 语句是（　　）。
   A．switch(w)
       {case 1.0: printf("*\n");
       case 2.0: printf("**\n");}
   B．switch(a);
       {case 1 printf("*\n");
       case 2 printf("**\n");}

C. switch(b)　　　　　　　　　　D. switch(b)
　　{ case 1:　printf("*\n");　　　　{ case 1: printf("*\n")
　　　default:　printf("\n");　　　　　case 2: printf("**\n")
　　　case 1+2: printf("**\n");}　　　default: printf("\n")}

10. 有如下程序：
```
#include<stdio.h>
viod main()
{   int x=1,a=0,b=0;
    switch(x)
    {
       case 0: b++;
       case 1: a++;
       case 2: a++;b++;
    }
    printf("a=%d,b=%d\n",a,b);
}
```
该程序的输出结果是（　　）。
　　A．a=2,b=1　　　B．a=1,b=1　　　C．a=1,b=0　　　D．a=2,b=2

11. 有如下程序：
```
#include<stdio.h>
void main()
{
   int a=3,b=-1,c=1;
   if(a<b)
     if(b<0)  c=0;
     else c++;
   printf("%d\n",c);
}
```
该程序的输出结果是（　　）。
　　A．0　　　　　B．1　　　　　C．2　　　　　D．3

12. 若变量c为char类型，能正确判断出c为大写字母的表达式是（　　）。
　　A．'A'<=c<='Z'　　　　　　　　B．(c>='A') || (c<='Z')
　　C．('A'<=c) and ('Z'>=c)　　　D．(c>='A')&&(c<='Z')

13. 运行下列程序：
```
#include <stdio.h>
void main()
{
   int n='c';
   switch(n++)
   {
      case 'a':case 'A':case 'b':case 'B':printf("good");break;
      case 'c':case 'C':printf("pass");
      case 'd':case 'D':printf("warn");
      default: printf("error");break;
```

        }
    }
则输出结果是（　　）。

　　A．good　　　　B．pass　　　　C．warn　　　　D．passwarn

14．设 a、b、c、d、m、n 均为整型变量，且 a=5，b=7，c=3，d=8，m=2，n=2，则逻辑表达式(m=a>b)&&(n=c>d)运算后，n 的值为（　　）。

　　A．0　　　　　B．1　　　　　C．2　　　　　D．3

15．以下程序的输出结果是（　　）。

```
#include <stdio.h>
void main()
{
   int a,b;
   for(a=1,b=1;a<=100;a++)
   {
      if(b>=10)  break;
      if (b%3==1)
      { b+=3; continue;}
   }
   printf("%d \n",a);
}
```

　　A．101　　　　B．3　　　　　C．4　　　　　D．5

16．运行下列程序：

```
#include <stdio.h>
void main()
{
   int a=0,b=1,c=2,d;
   d=!a&&!(--b)||!c++;
   printf("%d\n",c);
}
```

则输出结果是（　　）。

　　A．3　　　　　B．2　　　　　C．1　　　　　D．0

17．运行下列程序：

```
#include <stdio.h>
void main()
{
   int x;
   scanf("%d",&x);
   if(x>60) printf("%d",x);
   if(x>40) printf("%d",x);
   if(x>30) printf("%d",x);
}
```

若从键盘输入 58↙，则输出结果是（　　）。

　　A．585858　　　B．5858　　　　C．58　　　　　D．58

18．运行下列程序：

```
#include <stdio.h>
void main()
{
   int a=16,b=21,m=0;
   switch(a%3)
   {
      case 0:m++;break;
      case 1:m++;
      switch(b%2)
      {
         default:m++;
         case 0:m++;break;
      }
   }
   printf("%d\n",m);
}
```

则输出结果是（　　）。

A. 1　　　　　B. 2　　　　　C. 3　　　　　D. 4

二、阅读程序题

1. 有如下程序：

```
#include <stdio.h>
void main()
{
   int x=1,a=0,b=0;
   switch(x)
   {
      case 0: b++;
      case 1: a++;
      case 2: a++;b++;
   }
   printf("a=%d,b=%d\n",a,b);
}
```

该程序的输出结果是_____。

2. 有如下程序：

```
#include <stdio.h>
void main()
{
   int a=3,b=-1,c=1;
   if(a<b)
      if(b<0) c=0;
      else c++;
   printf("c=%d\n",c);
}
```

该程序的输出结果是_____。

三、程序设计题

1．设计一个简单的计算器程序，用户输入运算数和四则运算符（+、-、*、/），输出计算的结果。

2．根据输入的 x 的值求 y 的值，当 x 大于 0 时，y=(x+1)/(x-2)；当 x 等于 0 或 2 时，y=0；当 x 小于 0 时，y=(x-1)/(x-2)。

3．编写程序，从键盘输入学生成绩，输出对应的等级（100 分为 A，90～99 分为 B，80～89 分为 C，70～79 分为 D，60～69 分为 E，小于 60 分为 F）。

4．编写程序，输入一个不多于 4 位的正整数，判断它是几位数。如输入 168，则输出 3。

第 5 章 循环结构程序设计

- 掌握循环结构的基本特点
- 掌握 3 种循环语句：for 语句、while 语句和 do-while 语句
- 学会利用 for 语句、while 语句和 do-while 语句设计简单的循环程序
- 了解 goto 语句构成的循环

5.1 循环的基本概念

【问题】如何计算 1+2+3+4+…+100。

5.1.1 方法的探索

可以实现的方法有很多，但是必须建立计算机能够处理的模型。

我们不妨将变量 s 看做一个初始状态为空的盒子，然后依次向盒子里投入硬币，第一次 1 枚，第二次 2 枚，…，最后一次 100 枚，最后盒子里面的硬币的数目就是要求的结果。

我们不妨用变量 i 记录每次投的硬币数，事实上每次的投币操作都可以看成以下两条语句的执行：

```
s = s + i;   /* 投入i枚硬币到s中*/
i = i + 1;   /* 计算下次投币数 */
```

将以上两条语句运行 100 次就完成了任务，就相当于投币 100 次。

如何让以上两条语句运行 100 次？当然我们不能写 100 次语句，这就需要循环结构才能解决这个问题，写法如下：

```
s=0;i=1;
while(i<=100)
{
   s=s+i;
   i=i+1;
}
```

5.1.2 循环结构语句

重复执行语句需要构造循环结构，在 C 语言中循环语句共有 3 个，即 for 语句、while 语句和 do-while 语句。

5.2 while 循环

while 循环通过 while 语句实现。while 循环又称为"当型"循环。

while 语句的一般格式为：
```
while (表达式)
   语句
```
其中，括号后面的语句可以是一条语句，也可以是复合语句。它们都称为循环体。

while 语句的执行过程为：

（1）计算并判断表达式的值。若值为 0，则结束循环，退出 while 语句；若值为非 0，则执行循环体。

（2）转步骤（1）。

流程图如图 5-1 所示。

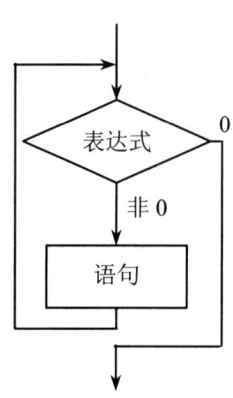

图 5-1　while 循环流程图

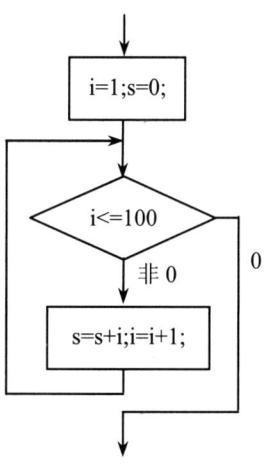

图 5-2　计算 1+2+3+…+100 的循环流程图

【例 5-1】计算 s=1+2+3+…+100。

计算流程图如图 5-2 所示。

```
/*  e5-1.c   */
#include <stdio.h>
void main()
{
   int i,s;
   i=1;
   s=0;
   while(i<=100)         /* 循环控制 */
   {
        s=s+i;
        i=i+1;
   }
   printf("s=%d\n",s);
}
```

程序的运行结果如图 5-3 所示。

`s=5050`

图 5-3　例 5-1 的运行结果

注意：

（1）循环体包括一条或多条语句，多条语句必须用一对花括号"{}"括起来。

（2）合理的循环是有限次循环。如果循环不能退出，则称为"死循环"，在程序设计中应该避免出现。例如，上例中的循环条件为 i<=100，i 从 1 逐渐增加到 100，当 i 等于 101 时，不满足 i<=100 的条件从而退出循环。如果将循环条件改成 i>=1，由于 i 每次都是加 1，其趋势为递增，所以条件等于虚设，循环将一直执行下去，变成"死循环"。

（3）控制循环执行的次数因素包括循环中的循环条件、控制循环的主要变量的初值和终值以及每次变化的幅度等。例如，上例中 i 有效地控制了循环的运行，i 从 1 循环到 100，每次加 1，循环运行了 100 次，i 也可以称为循环变量。

如果只有一个循环变量，而且循环变量每次有固定的增加和减少，则循环的次数可以用以下公式计算：

循环次数 =(终值-初值)/ 步长 +1

步长为循环变量每次增加或减少的值，例如，上例循环次数为:(100–1)/1 + 1，即 100 次。步长可以为负数，例如，以下程序语句：

```
int i,s;
i=100;s=0;
while(i>=1)              /* 循环控制 */
{
   s=s+i;
   i=i-1;
}
...
```

相当于先投 100 枚，每次递减 1 枚，最后一次投入 1 枚。因此根据循环变量的增减特性可以将循环分为递增和递减循环。

【思考】
（1）如何修改以上程序计算 1 到 1000 的数的和？
（2）如何修改以上程序计算 1 到 100 之间所有奇数的和？

【例 5-2】计算 1 到 100 之间所有 3 的倍数的和。

```
/*  e5-2.c   */
#include <stdio.h>
void main()
{
   int i,s;
   i=3;s=0;
   while(i<=99)             /* 循环控制 */
   {
      s=s+i;
      i=i+3;
   }
   printf("s=%d\n",s);
}
```

s=1683

图 5-4 例 5-2 的运行结果

程序的运行结果如图 5-4 所示。

事实上，语句可以再继续复杂化，在循环中加入选择结构语句 if … else …来解决问题，例如，上面的程序也可以设计成：

```
#include <stdio.h>
void main()
```

```
{
    int i,s;
    i=1;s=0;
    while(i<=100)
    {
        if (i%3==0)              /* 判断是否为 3 的倍数 */
            s=s+i;
        i=i+1;
    }
    printf("s=%d\n",s);
}
```

5.3　do-while 循环

do-while 循环是循环的另外一种形式，又称为"直到型"循环。
do-while 语句的一般格式为：

do
{
　语句
} while(表达式);

do-while 语句的执行过程为：先执行循环体语句再判断表达式的值。若值为 0，则结束循环，退出 do-while 语句；若值为非 0，则继续执行循环体。

流程图如图 5-5 所示。

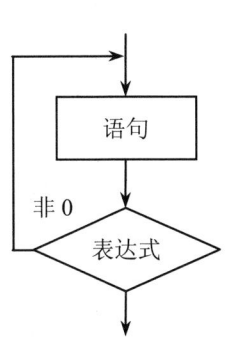 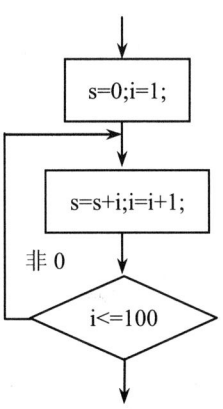

　　图 5-5　do-while 循环流程图　　　　图 5-6　计算 1+2+3+…+100 的循环流程图

【例 5-3】计算 s=1+2+3+…+100。
计算流程图如图 5-6 所示。

```
/* e5_3.c */
#include <stdio.h>
void main()
{
    int i,s;
    i=1;s=0;
    do
```

```
        {
          s=s+i;
          i=i+1;
        } while(i<=100);           /* 循环控制 */
        printf("s=%d\n",s);
    }
```

程序的结果同例 5-1。

注意：

（1）do-while 循环和 while 循环可以完成相同的任务。例如上面的程序都可以计算出 1 到 100 的数的和。

（2）do-while 循环的循环条件的判断在循环体的后面，所以和 while 循环有区别，例如下面的两个程序：

```
int i=1;s=0;                    int i=1,s=0;
while（i<1）                    do
{                               {
  s=s+i;                          s=s+i;
  i=i+1;                          i=i+1;
}                               } while(i<1);
printf("s=%d\n",s);             printf("s=%d\n",s);
```

左边的程序运行结果为：s=0，而右边的程序运行结果为 s=1。

这是由于 do-while 循环的循环体至少运行一次后再判断循环条件是否为真，从而决定是否退出循环；while 循环首先判断循环条件是否满足，所以当第一次运行时条件为假时就立即退出循环，从而可能循环次数为 0。

【思考】观察下面的程序，其运行结果是什么？

```
#include <stdio.h>
void main()
{
  int i=1,s=0;
  do
  {
    if(i%2)
      s=s+i;
    i=i+1;
  } while(i<=3);
  printf("s=%d\n",s);
}
```

由于 i 有两次满足 i%2 条件的机会，所以最后 s=4。如果循环条件改为 i<1，则 s=1，改成 while 循环则 s=0。注意 i%2 相当于 i%2==1。

5.4　for 循环

for 循环是循环的一种标准形式，其语法如下：

for（①;②;③）
　④

- 表达式①通常用于循环的初始化。包括循环变量的赋初值、其他变量的准备等。
- 表达式②循环的条件判断式，如果为空则相当于真值。
- 表达式③，通常设计为循环的调整部分，主要是循环变量的变化部分。
- 循环体④由一条或多条语句构成，多条语句需要用一对花括号括起来。

执行次序如图 5-7 所示。

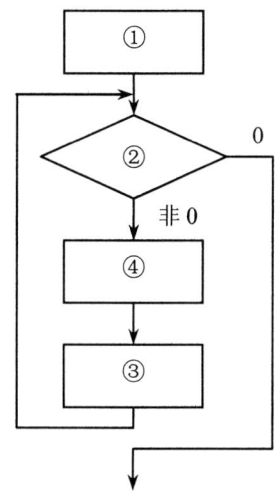

图 5-7 for 循环流程图

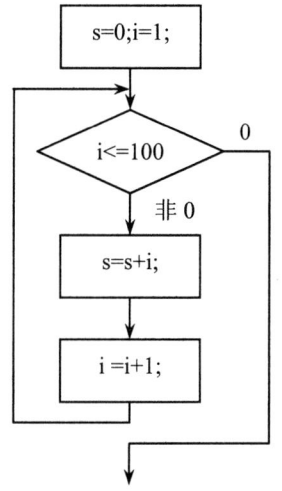

图 5-8 计算 1+2+3+…+100 的循环流程图

【例 5-4】计算 s=1+2+3+…+100。

计算流程如图 5-8 所示。

```
/*  e5_4.c  */
#include <stdio.h>
void main()
{
   int i,s;
   for(i=1,s=0;i<=100;i++)
      s = s + i;
   printf("s=%d\n",s);
}
```

程序的运行结果同例 5-1。

注意：

（1）for 循环可以用以下 while 循环代替：

```
①;
while (②)
{
   ④;
   ③;
}
```

（2）表达式①可以是多个表达式构成的逗号表达式，例如 i=1,s=0;。

（3）①、②、③构成循环的控制部分，3 个表达式之间用分号分隔。

（4）表达式①可以放在 for 循环的前面，但后面的分号不能少，例如：
    ①；
    for (;②; ③) ④;
（5）表达式②也可以省略，相当于②始终为真值，从而构成无条件循环，循环将不能终止，需要采取其他措施。
（6）表达式③也可以省略，但作为循环变量的调整功能不能缺少，可以在循环体中完成，例如下面的 for 循环。
    for (i=1,s=0;i<=100;)
        s = s + i++;
（7）如果表达式①和③都省略的话，相当于 while 循环，例如下面的程序形式：
    i=1,s=0;
    for (;i<=100;)   /*相当于 while(i<=100)*/
        s = s + i++;
（8）①、②、③均省略，即：
    for (;;) ④;。
相当于 while (1) ④;。循环的所有控制和计算功能都必须在循环体④中完成，这样的循环适合于随机退出循环程序的情况。
（9）表达式④也可以省略，但必须至少保留一个分号，即：
    for (①;②;③) ;
一个分号即是一条空语句。
（10）如果①、②、③、④均省略，即如以下形式：
    for (;;);
这将构成一个死循环。

for 循环是一种优秀的循环结构，是 3 种循环语句中形式上最为规范的一种循环结构，C 语言给与 for 循环非常灵活的形式和强大的功能，比其他语言要强得多。

for 循环的 4 个部分并不是严格划分的，允许有一定的交叉，但不建议破坏划分的功能结构，在程序设计中尽量遵守，从而使程序易于控制和维护，并且具有其他两种循环难得的易读性。

【例 5-5】计算 1+1.5+2.0+2.5+3.0+3.5+…+10。
```
/*  e5_5.c  */
#include <stdio.h>
void main()
{
    float i, s;    /*i,s需要定义为float型 */
    for(i=1,s=0;i<=10;i=i+0.5)
        s = s + i;
    printf("s=%f\n",s);
}
```
程序的运行结果如图 5-9 所示。

s=104.500000

图 5-9　例 5-5 的运行结果

5.5 循环嵌套

循环体可以被复杂化为另外一个循环，这就是循环的嵌套，例如下面的嵌套形式：

（1）while ()
　　{…
　　　while ()
　　　…
　　}

（2）for (;;)
　　{
　　　…
　　　for (;;)
　　　…
　　}

（3）do{
　　　…
　　　do{
　　　…
　　　}while ();
　　　…
　　}while ();

（4）while ()
　　{…
　　　for (;;)
　　　…
　　}

（5）for (;;)
　　{
　　　…
　　　while (;;)
　　　…
　　}

（6）do{
　　　…
　　　for (;;);
　　　…
　　}while ();

循环嵌套实际上是语句的复杂化，循环原来的一条语句复杂化成另外一个循环结构。

【例 5-6】计算 s=1+(1+2)+(1+2+3)+…+(1+2+3+4+…+10)。

```
/*  e5_6.c  */
#include <stdio.h>
void main()
{
    int i,j,s;
    for(i=1,s=0;i<=10;i++)
      for(j=1;j<=i;j++)
        s=s+j;
    printf("s=%d\n",s);
}
```

s=220

图 5-10　例 5-6 的运行结果

程序的运行结果如图 5-10 所示。

以上程序由两个 for 循环嵌套构成，外面的循环 i 从 1 到 10，里面的循环 j 从 1 到 i，执行过程如表 5-1 所示。

表 5-1　循环嵌套中变量跟踪表

i	j	s
1	1	(1)
2	1	(1)+(1)
	2	(1)+(1+2)

续表

i	j	s
3	1	(1)+(1+2)+(1)
	2	(1)+(1+2)+(1+2)
	3	(1)+(1+2)+(1+2+3)
…	…	…
10	1	(1)+(1+2)+(…)+(1)
	2	(1)+(1+2)+(…)+(1+2)
	3	(1)+(1+2)+(…)+(1+2+3)
…	…	…
	10	(1)+(1+2)+(…)+(1+2+3+…+10)

j 的终值是 i 的值，从而每次内循环计算的和的范围由外循环的循环变量 i 决定，这就是循环的特点：重复执行相同的语句，但并非重复相同的运算，循环体的计算是变化的，当然这种变化是有规律的、受循环控制的。这就像绕操场跑步一样，同样跑 10 圈，而每圈跑的步数是不一样的，相当于 10 次外循环内有 n 步小循环，由于体力下降，n 可能每次在增加。

5.6　break 语句、continue 语句和 goto 语句

5.6.1　break 语句

switch 结构中可以用 break 语句跳出结构去执行 switch 语句的下一条语句。实际上，break 语句也可以用来从循环体中跳出，常常和 if 语句配合使用。例如：

```
for(i=1;i<100;i++)
    if(i>100)break;
```

当变量 i>100 时退出循环。

break 语句不能用于循环语句和 switch 语句之外的任何其他语句中。

5.6.2　continue 语句

与 break 语句退出循环不同的是，continue 语句只结束本次循环，接着进行下一次循环的判断，如果满足循环条件，继续循环，否则退出循环。

【例 5.7】阅读下面程序，写出运行结果。

```
/*  e5_7.c  */
#include <stdio.h>
void main()
{
    int i,s;
    for(i=1,s=0;i<=10;i++)
    {
```

```
    if(i%2==0)
      continue;
    if(i%10==7)
      break;
    s=s+i;
  }
  Printf("s=%d\n",s);
}
```
程序流程图如图 5-11 所示。

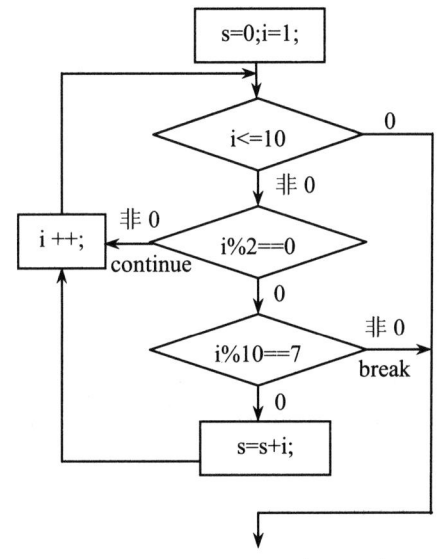

图 5-11　例 5-7 程序流程图

程序的运行结果如图 5-12 所示。

程序中当 i 是偶数的时候，结束本次循环，继续下一个循环；当 i 的个位数是 7 的时候结束循环退出；其他情况累加到 s 中，所以实际累加的数只有 1、3、5，结果为 9。

s=9

图 5-12　例 5-7 的运行结果

5.6.3　goto 语句

goto 语句为无条件转向语句，形式为：

goto 语句标号

语句标号用标识符表示，命名规则同变量名。例如下面的程序段：

```
i=1;
s=0;
sum:if (i<=10)
{
  s=s+i;
  i=i+1;
  goto sum;   /* sum 就是标识符*/
}
…
```

但对于结构化程序的设计，不主张使用 goto 语句，否则会导致程序流程混乱、可读性差，一般用在特殊的场合，且不宜多用。

5.7 程序举例

【例 5-8】计算 s=1×2×3×4×…×8。
题目实际上是求 8!，程序如下：

```
/*  e5_8.c   */
#include <stdio.h>
void main()
{
   int i;
   long s;
   for(i=1,s=1;i<=8;i++)
       s = s * i;
   printf("s=%ld\n",s);
}
```

程序的运行结果如图 5-13 所示。

计算阶乘的方法与求和差不多，但求和时累加器 s 初始化为 0，求阶乘时累乘器初始化为 1，循环的构造很相似，由于阶乘的值很容易放大，所以数据类型定义为 long 型。

【例 5-9】打印如图 5-14 所示的图形。

```
s=40320
```

图 5-13　例 5-8 的运行结果　　　　图 5-14　例 5-9 要求打印的图形

【分析】程序需要输出 5 行星号，但每行输出的个数不等，其规律如下：

$$行数 = 星号数$$

利用循环的嵌套可以完成，程序如下：

```
/*  e5_9.c   */
#include <stdio.h>
void main()
{
   int i,j;
   for (i=1;i<=5;i++)
   {
       for (j=1;j<=i;j++)
           printf("*");
       printf("\n");      /* 每输出一行需要换行 */
   }
}
```

【思考】如何输出如图 5-15 所示的图形。

```
      *
     ***
    *****
   *******
```

图 5-15 思考题要求打印的图形

【分析】对于此类图形的输出通常需要嵌套的循环才能解决问题，其中需要找到以下规律：

（1）星号前的空格个数与行数之间的关系。

（2）星号个数与行数之间的关系。

假设行号 i 从 0 开始循环到 3，则本题规律如下：

（1）星号前的空格个数为 i 个。

（2）星号个数为 2*i+1 个。

程序自然设计为：

```
for(i=0;i<=3;i++)              /*控制输出 4 行*/
{
    for(j=0;j<i;j++)           /*输出 i 个空格*/
    printf("□");               /*□表示空格*/
    for(j=0;j<2*i+1;j++)       /*输出 2*i+1 个星号*/
    printf("*");
    printf("\n");              /*输出一行后需要换行*/
}
```

【例 5-10】计算 100 以内的所有素数之和。

【分析】素数可以从定义来判断，除了 1 和本身之外，没有其他因子，所以程序的任务是依次判断 1 到 100 之间所有的数是否为素数，如果是，将其累加。最后输出累加的和。

需要嵌套的循环，外循环控制产生 1 到 100 的数的循环，循环变量的值也正是内循环需要判断的对象；内循环首先判断当前的循环变量的值是否为素数，是则累加。循环结束后输出累加的和。

程序如下：

```
/*  e5_10.c */
#include <stdio.h>
void main()
{
    int i,j,s=0;
    for(i=2;i<=100;i++)           /* 设置循环产生2～100 之间的数 */
    {
        for(j=2;j<=i-1;j++)       /* 用 2 ～ i-1 的数去除 i */
            if(i%j==0)
                break;            /* 有能整除 i 的 j，说明 i 不是素数，退出 */
        if(j>i-1)                 /* i 是素数，因为 2 ～ i-1 没有 i 的因子 */
            s=s+i;
    }
    printf("%d\n",s);
}
```

程序的运行结果如图 5-16 所示。

1060

图 5-16 例 5-10 的运行结果

以上程序中 j<=i-1 也可以改成 j<=i/2 或 j<=sqrt(i)。

【例 5-11】计算 Fibonacci 数列前 20 项的和。

Fibonacci 数列的特点是：前两个数为 1 和 1，从第 3 个数开始，每个数都是前面两个数的和，即：

F1=1,F2=1　（n=1 或 2）

Fn=Fn-1+Fn-2　（n>=3）

很显然，Fibonacci 数列依次为：1,1,2,3,5,8,13,21,34…

程序如下：

```c
/*  e5_11.c  */
#include <stdio.h>
void main()
{
    int f1,f2,f;
    int i;
    long s;
    f1=f2=1;
    s=f1+f2;
    for(i=1;i<=18;i++)   /*已经有两个数，只要再产生18个数即可*/
    {
        f=f1+f2;     /*得到一个新数*/
        s=s+f;
        f1=f2;       /*重置两个数*/
        f2=f;
    }
    printf("%ld\n",s);
}
```

程序的运行结果如图 5-17 所示。

17710

图 5-17 例 5-11 的运行结果

本章小结

循环结构是面向过程编程中 3 种结构中最重要的一种结构，学好它是学好这门课程的关键。本章介绍的内容主要包括：

（1）3 种循环结构 while、do-while 和 for 循环（goto 也可以构成循环，通常不用）。

（2）break 语句、continue 语句和 goto 语句。

（3）while 循环和 do-while 循环的条件判断一个在前，一个在后，为导致循环体执行的次数不同，需要密切注意。

（4）for 循环为标准的功能很强的循环，通常用于可控制的循环，对于程序的维护和阅读都是最佳选择。

（5）break 语句和 continue 语句可以改变循环运行的方向，主要用于特殊情况的处理，但不能控制 if 和 goto 构成的循环。

循环结构的实质是重复执行一系列语句，这种重复性是在循环条件的控制之下完成的，目的是完成指定的任务，所以利用循环结构设计程序的关键就在于如何控制循环的条件，在恰当的时机由"真"变"假"，从而退出循环。

 习题五

一、选择题

1. for(i=0;i<10;i++);结束后，i 的值是（   ）。
   A．9   B．10   C．11   D．12
2. 下面的程序段循环次数是（   ）。
   ```
   int k=0;
   while(k<10)
   {
      if(k<1)
         continue;
      if(k==5)
         break;
      k++;
   }
   ```
   A．5   B．6
   C．4   D．死循环，不能确定次数
3. 下面程序的输出结果是（   ）。
   ```
   #include <stdio.h>
   void main()
   {
      int s,k;
      for(s=1,k=2;k<5;k++)
         s+=k;
      printf("%d\n",s);
   }
   ```
   A．1   B．9   C．10   D．15
4. 要使下面程序段输出 10 个整数，则在下划线处填入正确的数是（   ）。
   ```
   for(i=0;i<=_____;)
      printf("%d\n",i+=2);
   ```
   A．9   B．10   C．18   D．20
5. 运行下列程序：
   ```
   #include <stdio.h>
   ```

```
    void main()
    {
        int i=10,j=0;
        do
        {
            j=j+i;
            i--;
        }while(i>5);
        printf("%d\n",j);
    }
```
则输出结果是（ ）。

   A. 45   B. 40   C. 34   D. 55

6. 运行下列程序：
```
#include <stdio.h>
void main()
{
    int  k=0,a=1;
    while(k<10)
    {
        for(;;)
        {
            if((k%10)==0)
                break;
            else
                k--;
        }
        k+=11;
        a+=k;
    }
    printf("%d %d\n",k,a);
}
```
则输出结果是（ ）。

   A. 21 32   B. 21 33   C. 11 12   D. 10 11

7. 以下叙述正确的是（ ）。

   A. do-while 语句构成的循环不能用其他语句构成的循环来代替
   B. do-while 语句构成的循环只能用 break 语句退出
   C. 用 do-while 语句构成的循环，在 while 后的表达式为非零时结束循环
   D. 用 do-while 语句构成的循环，在 while 后的表达式为零时结束循环

8. 有如下程序：
```
#include <stdio.h>
void main()
{
    int x=3;
    do
```

```
    {
        printf("%d",x--);
    }while(!x);
}
```
该程序的执行结果是（   ）。

  A．3 2 1　　　　B．2 1 0　　　　C．3　　　　　　D．2

9. 若 k 为整型变量，则下面 while 循环执行的次数为（   ）。
```
k=10;
while (k==0) k=k-1;
```
  A．0 次　　　　B．1 次　　　　C．10 次　　　　D．无限次

10. 下面有关 for 循环的正确描述是（   ）。

  A．for 循环只能用于循环次数已经确定的情况

  B．for 循环是先执行循环体语句，后判断表达式

  C．在 for 循环中，不能用 break 语句跳出循环体

  D．for 循环的循环体语句中，可以包含多条语句，但必须用花括号括起来

11. 对 for(表达式 1; ;表达式 3)可理解为（   ）。

  A．for(表达式 1;0;表达式 3)　　　　B．for(表达式 1;1;表达式 3)

  C．for(表达式 1;表达式 1;表达式 3)　D．for(表达式 1;表达式 2;表达式 3)

12. 若 i 为整型变量，则以下循环执行次数是（   ）。
```
for(i=2; i==0;)  printf("%d",i- -);
```
  A．无限次　　　B．0 次　　　　C．1 次　　　　D．2 次

13. 以下循环体的执行次数是（   ）。
```
#include <stdio.h>
void main()
{
    int i,j;
    for(i=0,j=3;i<=j;i+=2,j--)
        printf("%d \n",i);
}
```
  A．3　　　　　　B．2　　　　　　C．1　　　　　　D．0

14. 执行以下程序后，输出结果是（   ）。
```
#include <stdio.h>
void main()
{
    int y=10;
    do {y--;} while(--y);
    printf("%d\n",y--);
}
```
  A．-1　　　　　B．1　　　　　　C．8　　　　　　D．0

15. 以下程序的输出结果是（   ）。
```
#include <stdio.h>
void main()
{
```

```
    int a,b;
    for(a=1,b=1;a<=100;a++)
    {
       if(b>=10)
          break;
       if(b%3==1)
       {
          b+=3;
          continue;
       }
    }
    printf("%d \n",a);
}
```

A. 101　　　　B. 3　　　　C. 4　　　　D. 5

二、填空题

1. 循环的3个常见语句分别是_____、_____和_____。
2. 下面程序的运行结果为_____。

```
#include <stdio.h>
void main()
{
   int a=10, y=0;
   do
   {
      a+=2; y+=a;
      if (y>50) break;
   } while (a<14);
   printf("a=%d, y=%d\n", a, y);
}
```

3. 从键盘输入 1□2□3□4□5□-1<回车>，"□"代表空格，则下面程序的运行结果是_____。

```
#include <stdio.h>
void main()
{
   int n, k=0;
   do
   {
      scanf("%d", &n);
      k+=n;
   }while (n!=-1);
   printf("k=%d, n=%d", k, n);
}
```

4. 下面程序的运行结果为_____。

```
#include <stdio.h>
void main()
```

```
    {
        int i, j, s=0;
        for ( i=1, j=5; i<j; i++, j-- )
            s+=i*10+j;
        printf("%d\n", s);
    }
```

5. 下面程序的运行结果为_____。
```
    #include <stdio.h>
    void main()
    {
        int i=10, s=0;
        for ( ; --i; )
            if ( i%3==0)
                s+=i;
        s++;
        printf("s=%f\n", s);
    }
```

6. 下面程序的运行结果为_____。
```
    #include <stdio.h>
    void main()
    {
        int a=2, n=5, s;
        s=a;
        for ( ; --n; )
            s=s*10+a;
        printf("%d", s);
    }
```

7. 下面程序运行时，循环体语句"a++;"运行的次数为_____。
```
    #include <stdio.h>
    void main()
    {
        int i, j,a=0;
        for ( i=0; i<2; i++ )
            for ( j=4; j>=0; j-- )
                a++;
    }
```

8. 下面的程序运行后，a 的值为_____。
```
    #include <stdio.h>
    void main()
    {
        int i, j,a=0;
        for ( i=0; i<2; i++ ) a++;
            for ( j=4; j>=0; j-- ) a++;
    }
```

9. 下面程序的运行结果为_____。

```
int i=1, s=3;
do
{
   s+=i++;
   if (s%7==0)  continue;
   else ++i;
} while (s<15);
printf("%d", i);
```

10. 当运行以下程序时，从键盘输入 China#<回车>，则下面程序的运行结果是 _____ 。

```
#include <stdio.h>
void main()
{
   int v1=0, v2=0;
   char c;
   while ( (c=getchar())!= '#')
   {
      switch (c)
       {
         case 'a':
         case 'h':
         default : v1++;
         case 'o': v2++;
       }
   }
   printf("%d,%d\n", v1, v2);
}
```

三、改错题

1. for(i=0,i<5,i++) j++;
2. while(j<10);{j++;i=j;}
3. do{j++;a=j;}while(j<10)
4. 用下列程序段实现求 5!：
   ```
   int s=1,i=1;
   while(i<=5)
   s*=i;
   i++;
   ```
5. 下列程序段实现求半径 r=1 到 r=10 的圆面积，直到面积大于 100 为止。
   ```
   for(r=1;r<=10;r++)
   {
      s=3.14159*r*r;
      if(s>100) continue;
      printf("%f",s);
   }
   ```

四、编程题

1. 求 1-2+3-4+5-6+7+…+99-100。
2. 任意输入 10 个数,分别计算输出其中正数和负数的和。
3. 计算 1~100 以内所有含 6 的数的和。
4. 输出所有的三位水仙花数。所谓水仙花数是指所有位的数字的立方之和等于该数,例如:
$153=1^3+5^3+3^3$
5. 编写程序输出下面的图形。

```
   1
   23
   456
   7890
```

6. 编写程序输出下面的图形。

```
      *
     * * *
    * * * * *
   * * * * * * *
    * * * * *
     * * *
      *
```

第 6 章 数组

- 掌握一维数组、二维数组的定义、初始化和数组元素的引用
- 掌握字符数组的定义、初始化和数组元素的引用
- 掌握字符串的存储方法和应用
- 掌握有关处理字符串的系统函数的使用方法

【问题】从键盘接收 10 个数，求平均数并输出所有小于平均数的数。

【分析】从键盘接收 10 个数，求平均数很简单，可以采用边接收边求和的方法，最后根据总和求平均数。下面的程序可以做到：

```
int a,i;
float s;
for(i=0,s=0;i<10;i++)
{
  scanf("%d",&a);
  s = s + a;
}
```

平均数就是 s/10 了。但是输出小于平均数的数就比较麻烦了，因为从键盘接收的 10 个数在求和以后没有保存起来，输出比平均数小的数已经无法实现。

要解决此问题，必须将 10 个数存储下来，而利用数组就可以解决这个问题。

6.1 数组的基本概念

所谓数组，就是一组类型相同的变量。它用一个数组名标识，每个数组元素都是通过数组名和元素的相对位置——下标来引用的。数组可以是一维的，也可以是多维的。

观察以下系列变量：

```
int a1,a2,a3,…,a10
```

这是一组 int 类型变量，可以定义以下数组来代替这些变量：

```
int a[10];
```

这就是数组，该数组包括以下元素：

```
a[0],a[1],a[3],…,a[9]
```

其中下标从 0 开始，和前面不同的是，这些变量统一共享一个数组名 a。

下面具体研究。

6.2　一维数组

一维数组用于存储一行或一列的数据。定义方式如下：
　　　　<类型> <数组名> [<常量表达式>];
<类型>：数组元素的数据类型，可以是 int、char、float 等简单类型，以及后面我们要学到的结构体、共用体等复杂类型。
<数组名>：数组的标识、命名规则同变量名。
<常量表达式>：用来定义数组的长度，因为数组也必须先定义再使用。
例如：
```
int a[10];
char s[100];
```
定义数组时需要注意：
（1）C 语言不允许对数组的大小作动态定义，即定义行中的数组长度可以包括常量和符号常量，但不能包括变量。例如，下面的定义是错误的。
```
int  n=10;
int  a[n];    /*因为n为变量*/
```
而下面的定义是正确的：
```
#define N 10
void main()
{
   int a[N];         /*N为符号常量*/
   …
}
```
（2）定义数组的同时可以对数组初始化。以下初始化的方法都是允许的：
```
int a[10]={1,2,3,4,5,6,7,8,9,10};   //全部元素都初始化
int a[]={1,2,3,4,5,6,7,8,9,10};     //全部元素都初始化，可以省略长度说明
int a[10]={1,2,,4,5};               //部分元素a[0]、a[1]、a[3]、a[4]初始化
```
使用数组时需要注意：
（1）数组元素的下标从 0 开始。
```
int a[10];
```
则自然计数的第 i 个元素是：a[i-1]，例如第 5 个元素是 a[4]。有的书上也称第一个元素为第 0 元素，这种说法将会导致歧义，a[4]变成第 4 元素，但不是第 4 个元素。

n 个元素的数组，其最大下标是 n-1，如上面的数组，最后一个元素是 a[9]，不存在 a[10]这个元素。

（2）数组名不能像变量一样进行赋值操作。以下用法是错误的：
```
int a[10],b[10];
a=b;  //错误
```
下面是常见的一维数组的定义：
```
int  a[10];     /*定义整型数组a，它有10个元素*/
char s[20];     /*定义字符型数组s，它有20个元素*/
float f[5],g[10];   /*定义实型数组f和g，f数组有5个元素，g数组有10个元素*/
```

【例 6-1】 编程求 10 个数中的最大值、最小值、平均值。输出所有小于平均值的数。

```c
/* e6_1.c */
#include <stdio.h>
void main()
{
    int a[10],i;
    int max,min;
    float s=0,aver;
    printf("Input 10 numbers: ");
    for (i=0;i<10;i++)
        scanf("%d",&a[i]);
    s = max = min = a[0];
    for (i=1;i<10;i++)
    {
        if (a[i]>max)
            max=a[i];
        else
            if (a[i]<min)
                min=a[i];
        s = s + a[i];
    }
    aver = s/10;
    printf("max is %d\n",max);
    printf("min is %d\n",min);
    printf("average is %.2f\n",aver);
    for(i=0;i<10;i++)
        if(a[i]<aver)
            printf("%4d",a[i]);
    printf("\n");
}
```

运行后输入 68 88 95 75 82 95 56 76 86 92<回车>，程序的结果如图 6-1 所示。

```
Input 10 numbers: 68 88 95 75 82 95 56 76 86 92
max is 95
min is 56
average is 81.30
  68  75  56  76
```

图 6-1 例 6-1 的运行结果

程序中先将 a[0] 的值赋给 max，然后利用 for 循环将剩余 9 个元素逐个与 max 比较，如果发现比 max 大的元素，则用该元素的值替换 max，从而保证 max 总是最大值。

计算出平均值 aver 后，再把数组中 10 个元素与 aver 逐个比较，输出其中小于平均值的数。

程序中的变量 aver 可能是小数，定义的类型不能是 int 类型。s 可以定义成 int 类型，不过如果定义成 int 类型，语句 aver = s/10;需要写成 aver = s/10.0;，因为 s/10 是整除了。

通过上面的程序可以看出，数组的最大优点就是：下标可以是变量甚至是表达式，从而给访问和操作一组变量带来了极大的方便。

6.3 二维数组和多维数组

二维数组用于存放矩阵形式的数据,如二维表格等数据。
定义二维数组的格式如下:
    <类型> <数组名> [<常量表达式1>][<常量表达式2>];
例如:
    int a[3][4];   // 3×4 的矩阵,共 12 个元素
    float f[5][10];

以上和一维数组相似,定义了一组变量,只不过这些变量有行和列的排列。如 int a[3][4] 的排列如下:
    a[0][0]   a[0][1]   a[0][2]   a[0][3]
    a[1][0]   a[1][1]   a[1][2]   a[1][3]
    a[2][0]   a[2][1]   a[2][2]   a[2][3]

以上是便于理解和引用的逻辑排列结构,在计算机的内存中,其物理存储结构会因为系统不同而不同,例如图 6-2 所示的物理存储结构。

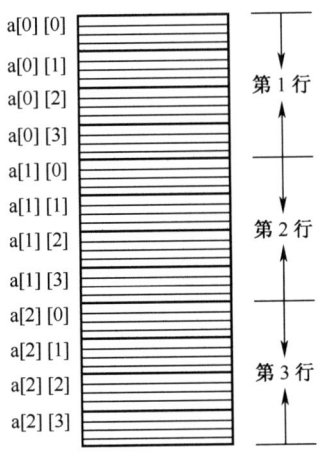

图 6-2　二维数组内存存储示意图

注意图中每个元素占 4 个字节的存储空间,这是因为 32 位机器的 int 型的长度为 4 字节,如果是 16 位机器就是 2 个字节了,不同类型不同机器每个元素的长度不一样。
二维数组的初始化形式可以有:
    int a[3][4]={1,2,3,4,5,6,7,8,9,10,11,12};   /*完全初始化*/
    int a[][4]={1,2,3,4,5,6,7,8,9,10,11,12};   /*省略行的完全初始化*/
    int a[3][4]={{1,2,3,4},{5,6,7,8},{9,10,11,12}}; /*分行完全初始化,可读性较好*/
    int a[3][4]={1,2,3,4};   /*部分初始化*/

引用二维数组元素的方法与一维数组类似,只不过多了一个下标。

【例 6-2】演示二维数组的定义及元素引用

```
/*  e6-2.C  */
#include <stdio.h>
void main()
```

```
    {
        int i,j,k=0;
        int a[3][4];
        for(i=0;i<3;i++)              /*变量 i 控制数组 a 的行下标*/
        {
            for(j=0;j<4;j++)          /*变量 j 控制数组 a 列下标*/
            {
                a[i][j]=k;
                printf("a[%d][%d]=%d\t",i,j,a[i][j]);
                k++;
            }
            printf("\n");
        }
    }
```

程序的运行结果如图 6-3 所示。

```
a[0][0]=0    a[0][1]=1    a[0][2]=2    a[0][3]=3
a[1][0]=4    a[1][1]=5    a[1][2]=6    a[1][3]=7
a[2][0]=8    a[2][1]=9    a[2][2]=10   a[2][3]=11
```

图 6-3 例 6-2 的运行结果

【例 6-3】输入 3 位学生的计算机、数学成绩，计算每门课程的平均分。

```
/* e6_3.c */
#include <stdio.h>
void main()
{
    float score[3][2],average[3],temp;
    char  info[2][10]={"Computer","English"};
    int i,j;
    for( i = 0 ; i < 3 ; i++ )
    {
        printf("No:%d\n",i+1);
        for( j = 0 ; j < 2 ; j++ )
        {
            printf("%s:",info[j]);
            scanf("%f",&score[i][j]);
        }
    }
    for(i=0;i<2;i++)   /*课程循环*/
    {
        temp = 0;
        for(j=0;j<3;j++)   /*学生循环*/
            temp = temp  + score[j][i];  /* j 学生的 i 课程成绩*/
        average[i] = temp / 3;
        printf("%s:%.2f\n",info[i],average[i]);
    }
}
```

程序的运行结果如图 6-4 所示。

```
No:1
Computer:90
English:85
No:2
Computer:82
English:88
No:3
Computer:68
English:73
Computer:80.00
English:82.00
```

图 6-4　例 6-3 的运行结果

二维数组的引用需要两重循环来分别控制行和列，程序中需要注意行与列的关系。
上面程序中定义和使用了字符型数组 char info[3][10]，下面将详细介绍。

6.4　字符数组与字符串

字符数组其实就是类型为字符型的数组，每一个元素存放一个字符，主要用于存储和处理字符型数据。

6.4.1　字符数组的定义、初始化和引用

字符数组的定义和一般的数组一样，例如：
```
char s[10];
char string[3][10];
```
初始化的方法如下：
```
char s[10]={'H', 'e', 'l', 'l', 'o', ' ', 'C', '+', '+', '!'};  //完全初始化
char s[]={'H', 'e', 'l', 'l', 'o', ' ', 'C', '+', '+', '!'};
                                                            //省略长度的完全初始化
char s[10]={'H', 'e', 'l', 'l', 'o', '!'};  //不完全初始化
char s[11]={"Hello C++!"};                   //字符串形式的初始化
char s[11]="Hello C++!";                     //省略花括号的字符串形式的初始化
```
后面两种初始化的结果如图 6-5 所示。

| 'H' | 'e' | 'l' | 'l' | 'o' | ' ' | 'C' | '+' | '+' | '!' | '\0' |

图 6-5　字符串存储形式

s[0]是'H', s[1]是'e'，其他类推。

用双引号进行的字符串形式初始化和普通字符数组不同的是，在串的尾部自动添加了一个结束符'\0'，其 ASCII 值为 0。数组的长度为 11，如果为 10，'\0'将不能存储，字符串将不能正确初始化，其结果将只是一个普通的字符数组。

以下形式也可以初始化一个字符串：
```
char s[11]={'H', 'e', 'l', 'l', 'o', ' ', 'C', '+', '+', '!', '\0'};
```
有了结束符'\0'，在编译处理和对字符串操作的时候，可以以此作为串是否结束的标志，定义字符串的时候需要足够的空间能存储最后一个结束符，像以下定义则是错误的：

```
char s[10]="Hello C++!";
```
字符串的长度是不包含'\0'在内的有效字符个数，如果字符串包含多个'\0'，以最前面的为有效结束符。例如，假设有字符串：
```
char s[11]={'H', 'e', 'l', 'l', 'o', '\0 ', 'C', '+', '+', '!', '\0'};
```
则字符串的有效长度为 5，字符数组的长度仍然为 11。

【例 6-4】输入一串字符，将其按逆序输出。
```
/* e6_4.c */
#include <stdio.h>
#include <string.h>
void main()
{
   char s[100];
   int i=0;
   printf("Input a string:");
   gets(s);
   while(s[i] != '\0') i++;
   while(--i>=0)
      putchar(s[i]);
   putchar('\n');
}
```
程序的运行结果如图 6-6 所示。

```
Input a string:Hello World!
!dlroW olleH
```

图 6-6　例 6-4 的运行结果

6.4.2 字符串函数

为了处理字符串方便，C 语言库函数中提供了很多字符串处理函数，使用这些函数需要包含头文件 string.h，如以下形式：
```
#include <string.h>
```
下面具体介绍其中常用的函数。

1. strlen(字符串)　字符串长度函数

求字符串 s 中第一个结束符'\0'前的字符个数。例如：
```
char s[100]= "Hello World!";      /*长度是 12 */
char t[100]= "12345\06789\0";     /*长度是 5*/
```
实际上字符数组 s 和 t 实际存储长度都是 100。

2. strcpy(字符串 1, 字符串 2)　字符串复制函数

函数将字符串 s2 复制到字符串 s1。很显然，s1 必须有足够的空间来存储复制过来的 s2。例如：
```
char s1[20];
char s2[] = "Good luck";
strcpy(s1,s2);
puts(s1); /*输出 Good luck*/
```

strcpy 函数可以将结束符一起复制过去,以上复制操作也可以直接写成:
```
strcpy(s1, "Good luck");
```
3. strcat(字符串 1, 字符串 2) 字符串连接函数

函数将字符串 s2 连接到字符串 s1 后面。很显然,s1 也必须有足够的空间来存储由原来的 s1 和 s2 构成的新 s1 字符串。例如:
```
char s1[20]= "Good luck";;
char s2[] = " to you!";
strcpy(s1,s2);
puts(s1); /*输出 Good luck to you!*
```
连接后的 s1 的有效字符长度为 17,包括结束符在内,s1 至少需要 18 个字符长度,否则连接是错误的。

4. strcmp(字符串 1, 字符串 2) 字符串比较函数

函数比较 s1 和 s2 字符串的大小,并返回比较的结果。
- 若 s1 大于 s2,则返回一个正整数。
- 若 s1 等于 s2,则返回 0。
- 若 s1 小于 s2,则返回一个负整数。

字符串比较规则:自左向右按 ASCII 码值大小进行比较,直至出现一对不同字符或者遇到结束符为止。例如:
```
strcmp("ABC","abc")          /*返回负整数,前面字符串小 */
strcmp("ABC","ABC\0abc")     /*返回 0,二者相等,'\0'后面不是有效字符*/
strcmp("ABC","AB")           /*返回正整数,前面的大,可以理解成 'C'比'\0'大*/
strcmp("AB","ABC")           /*返回负整数,前面的小,可以理解成 '\0'比'C'小*/
```
可以根据比较结果来进行字符串排序操作。

5. strlwr(字符串) 字符串大写变小写

将字符串 s 的所有大写字母转换成小写字母。

6. strupr(字符串) 字符串小写变大写

将字符串 s 的所有小写字母转换成大写字母。除了上面的几个函数以外,经常使用的还有:
```
strncpy(字符串 1, 字符串 2,字符个数)   /*指定字符个数的复制函数*/
strncmp(字符串 1, 字符串 2,字符个数)   /*指定长度的比较函数*/
strstr(字符串 1, 字符串 2)             /*查找后面的字符串在前面字符串中的位置*/
strncat(字符串 1, 字符串 2,字符个数)   /*指定字符个数的连接函数*/
```
【例 6-5】输出几个字符串中的最大串。
```
/* e6_5.c */
#include <stdio.h>
#include <string.h>
void main()
{
   char s[5][50]={ "Hello World!",
        "Good luck to you!",
        "How are you?",
        "Moon River",
        "I love this book."};
   int i,max=0;
```

```
            for(i=1 ; i < 5 ; i++)
                if(strcmp(s[i],s[max]) > 0 )
                    max = i;      /*记录最大串的位置即可 */

        printf("max string is :%s\n",s[max]);
    }
```
程序的运行结果如图 6-7 所示。

max string is :Moon River

图 6-7 例 6-5 的运行结果

6.5 程序举例

【例 6-6】将 10 个数排序输出（冒泡法排序）。

【分析】对一系列数进行排序有很多种方法，冒泡法是其中比较容易理解的一种算法。所谓冒泡法，就是指找到的大数或者小数像气泡一样浮出水面被发现。为了理解算法，来看下面的例子。

假如有 5 个数 7、2、9、1、8，冒泡排序算法如图 6-8 所示。

```
第1次    7    2    9    1    8   ⟶   2    7    1    8    9
第2次    2    7    1    8    9   ⟶   2    1    7    8    9
第3次    2    1    7    8    9   ⟶   1    2    7    8    9
第4次    1    2    7    8    9   ⟶   1    2    7    8    9
```

图 6-8 冒泡排序算法示意图

冒泡法采用的基本操作是比较交换，上面算法的目标是得到从小到大的顺序，其中每一步都是找到一定范围内的最大数并放在该范围的最后一个数，当从 5 个数中找到 4 个较大的数后，排序完成。具体操作如下：

第 1 次查找，范围：7 2 9 1 8

第 1 步：7>2，将 7 和 2 交换位置，得到 2 7 9 1 8。

第 2 步：7<9，不交换。

第 3 步：9>1，将 9 和 1 交换位置，得到 2 7 1 9 8。

第 4 步：9>8，将 9 和 8 交换位置，得到 2 7 1 8 9。

第 1 次查找，将 9 作为最大数放在最后，结果为：2 7 1 8 9。

外面打上方框表示后面的查找范围将不包括 9 了。

第 2 次查找，范围：2 7 1 8

第 1 步：2<7，不交换。

第 2 步：7>1，将 7 和 1 交换位置，得到 2 1 7 8 9。

第 3 步：7<8，不交换。

第 2 次查找结果为：2 1 7 8 9。

第 3 次查找，范围：2 1 7

第 1 步：2>1，将 2 和 1 交换位置，得到 1 2 7 8 9。
第 2 步：2<7，不交换。
第 3 次查找结果为：1 2 7 8 9。
第 4 次查找，范围：1 2
第 1 步：1<2，不交换。
第 4 次查找结果为：1 2 7 8 9。
经过 4 次不同范围的最大数查找，得到从小到大的排序：
1 2 7 8 9
以上算法写成程序如下：

```c
/* e6_6.c */
#include <stdio.h>
void main()
{
    #define N 10
    int a[N] = {7,2,8,9,1,6,0,4,5,3};
    int i,j;
    int t;
    /* 0~N-2，共 N-1 次外循环 */
    for(i = 0 ; i < N-1 ; i++)
    {
        /* 0~N-i-1，共 N-i 次内循环，处理范围不断缩小 */
        for( j = 0 ; j < N-i-1 ; j++)
            if(a[j] > a[j+1])  /*前面的数大于后面的数就交换*/
            {
                /*利用中间变量 t 实现 a[j]和 a[j+1]相邻两个数的交换*/
                t=a[j];
                a[j]=a[j+1];
                a[j+1]=t;
            }
    }
    for(i=0;i<N;i++)
        printf("%5d",a[i]);
    printf("\n");
}
```

程序的运行结果如图 6-9 所示。

```
0  1  2  3  4  5  6  7  8  9
```

图 6-9 例 6-6 的运行结果

其实，只要将 a[j] > a[j+1]改成 a[j] < a[j+1]，程序就实现了从大到小的逆排序。
程序中的符号常量 N 表示要排序的数的个数，修改 N 并修改数组 a 的初始化元素的个数即可适应其他不同个数的数组排序。

【例 6-7】 编写程序将两个字符串连接成一个新的字符串。

```c
/* e6_7.c */
#include <stdio.h>
void main()
{
    char s1[100]="12345";
    char s2[50]="6789";
    int i,j;

    i=j=0;

    while(s1[i] != '\0') i++;

    while(s2[j] != '\0')
    {
        s1[i]=s2[j];
        i++;
        j++;
    }
    s1[i] = '\0';

    printf("%s\n",s1);
}
```

程序的运行结果如图 6-10 所示。

123456789

图 6-10　例 6-7 的运行结果

【例 6-8】 编写程序删除字符串中的指定字符。

```c
/* e6_8.c */
#include <stdio.h>
void main()
{
    char s[100]="I love this program.";
    char c;
    int i,j;

    printf("Input c:");
    c=getchar();

    for(i=j=0 ; s[i] != '\0' ; i++)
    {
        if(s[i] != c)
        {
            s[j]=s[i];
            j++;
```

```
            }
        }
        s[j]='\0';
        printf("%s\n",s);

}
```
程序的运行结果如图 6-11 所示。

```
Input c:o
I lve this prgram.
```
图 6-11　例 6-8 的运行结果

程序中使用了两个变量 i 和 j 分别指向原始串和新串，由于删除后的字符串必然比原始串长度小，程序采取了在相同的字符数组中进行操作。除了指定字符 o 以外的其他字符 s[i] 都被保存到 s[j] 中，j 始终小于等于 i，不必担心后面的 s[i] 被误操作，算法具体参考表 6-1 所示。

表 6-1　例 6-8 变量跟踪表

i	j	s[i]	s[j]
0	0	I	I
1	1	空格	空格
2	2	l	l
3		o	v
4	3	v	e
5	4	e	空格
6	…	空格	…
…		…	

当 i 为 3 时，因为 s[i] 是指定要删除的字符 o，所以 j 没有自增还是 2。

以上算法删除前后字符数组存储状态如图 6-12 所示。

删除操作前字符数组的存储状态是：

| I | | l | o | v | e | | t | h | i | s | | p | r | o | g | r | a | m | \0 |

删除后的字符数组的存储状态是：

| I | | l | v | e | | t | h | i | s | | p | r | g | r | a | m | \0 | m | \0 |

图 6-12　例 6-8 中删除前后字符数组的存储状态

可以看出语句 s[j]=s[i]; 的功能在于有条件地将第 i 字符存储到 j 位置。新串最后之所以还剩两个字符，是因为串中有两个字符 o。

【例 6-9】已知一个 3*3 的二维数组，编程将行列元素互换，生成它的转置矩阵。

```
/* e6_9.c */
#include <stdio.h>
```

```
void main()
{
    int t,a[3][3]={{9,8,7},{6,5,4},{3,2,1}};
    int i,j;
    for (i=0;i<3;i++)
        for (j=0;j<i;j++)
        {
            t=a[i][j];
            a[i][j]=a[j][i];
            a[j][i]=t;
        }
    for (i=0;i<3;i++)
    {
        for (j=0;j<3;j++)
            printf("%5d\t",a[i][j]);
        printf("\n");
    }
}
```

程序的运行结果如图 6-13 所示。

```
9       6       3
8       5       2
7       4       1
```

图 6-13　例 6-9 的运行结果

【例 6-10】编程输出以下的杨辉三角形（输出前 10 行）。

【分析】杨辉三角形是由 $(x+y)^n$ 展开后的多项式系数排列而成，例如：

$(x+y)^1$ 展开后：$x+y$

$(x+y)^2$ 展开后：$x^2+2xy+y^2$

$(x+y)^3$ 展开后：$x^3+3x^2y+3xy^2+y^3$

$(x+y)^4$ 展开后：$x^4+4x^3y+6x^2y^2+4xy^3+y^4$

……

将多项式系数排列可以得到如图 6-14 所示的图形。

```
1
1   1
1   2   1
1   3   3   1
1   4   6   4   1
1   5   10  10  5   1
1   6   15  20  15  6   1
1   7   21  35  35  21  7   1
1   8   28  56  70  56  28  8   1
1   9   36  84  126 126 84  36  9   1
```

图 6-14　例 6-10 的运行结果

完整的展开式可以写成：

$$C_n^0 a^n + C_n^1 a^{n-1} b + ... + C_n^m a^{n-m} b^m + ... + C_n^{n-1} a b^{n-1} + C_n^n b^n$$

其中第 m 项为：

$$C_n^m = \frac{n!}{m!(n-m)!}$$

杨辉三角形的规律如下：

（1）第一列及对角线元素均为 1。

（2）其他元素为其所在位置的上一行对应列和上一行前一列元素之和。如图 6-15 所示的三角形中标注的 3 个数 4、6、10。

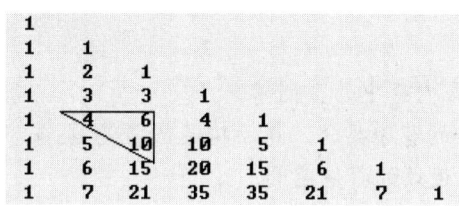

图 6-15 例 6-10 分析示意图

```
10 =    4    +    6
```
相当于：
```
a[5][2] =  a[4][1]  +  a[4][2]
```
其他系数也是一样，如：
```
20 = 10 + 10
35 = 15 + 20
…
```
写成一般式：
```
a[i][j]=a[i-1][j-1]+a[i-1][j]
```
在数学里很容易证明，有兴趣的读者可以去验证一下：

$$C_{n+1}^m = C_n^{m-1} + C_n^m$$

程序如下：

```
/*  e6_10.c  */
#include <stdio.h>
#define  N 10
void main()
{
    int i,j,a[N][N];
    for(i=0;i<N;i++)         /*对 a 数组的第一列和对角线元素赋值为 1*/
    {
        a[i][i]=1;
        a[i][0]=1;
    }
    for(i=2;i<N;i++)         /*对除第一列和对角线之外的元素赋值*/
        for(j=1;j<=i-1;j++)
            a[i][j]=a[i-1][j-1]+a[i-1][j];

    for(i=0;i<N;i++)
```

```
            {
                for(j=0;j<=i;j++)           /*注意条件 j<=i 表示只输出 a 数组的左下三*/
                    printf("%5d",a[i][j]);  /*角形部分，a 数组其他未赋值元素值不定*/
                printf("\n");
            }
        }
```
程序的运行结果如图 6-14 所示。

（1）数组的概念及其在内存中的存储情况。

数组是指相同类型数据的有序集合，属于构造数据类型。一个数组包含多个数组元素。数组元素在内存中占用一段连续的存储空间。

数组名代表整个数组的首地址，引用数组元素用数组名和下标，下标从 0 开始，上限是数组长度减 1。

数组的初始化有多种方式，每个数组元素本质上与普通变量相同，在引用之前需要赋初值。

（2）字符数组与字符串。

存放字符型数据的数组称为字符数组。字符数组中的元素是字符类型的变量，只存放一个字符。

字符串是一种以'\0'作为结束标志的特殊的字符型数组，结束标志不计入字符串长度。存放字符串的字符数组的长度必须比字符串中字符的个数多 1。否则结束字符无法存入，不能构成完整的字符串。

字符串的输入输出不同于一般字符数组的地方还在于可以整体的输入输出，例如 puts(s)、printf("%s",s);等形式。

3．字符串函数。字符串函数的使用，可大大减轻编程的工作量。本章主要介绍几个常用的函数，如 strcmp、strlen、strcat、strcpy 等。

一、选择题

1．阅读下面初始化数组程序段：
```
char a[ ]= "ABCDEF";
char b[ ]={'A', 'B', 'C', 'D', 'E', 'F'};
```
则下面叙述正确的是（   ）。

  A．a 和 b 完全相同   B．a 和 b 只是长度相等

  C．a 和 b 不相同，a 是指针数组 D．a 数组长度比 b 数组长

2．以下程序的输出结果是（   ）。
```
#include <stdio.h>
```

```
void main()
{
    int i,k,a[10],p[3];
    k=5;
    for (i=0;i<10;i++)  a[i]=i;
       for (i=0;i<3;i++) p[i]=a[i*(i+1)];
    for (i=0;i<3;i++)  k+=p[i]*2;
       printf("%d\n",k);
}
```
  A．20   B．21   C．22   D．23

3．下列描述中不正确的是（　　）。

  A．字符型数组中可以存放字符串

  B．可以对字符型数组进行整体输入、输出

  C．可以对实型数组进行整体输入、输出

  D．不能在赋值语句中通过赋值运算符"="对字符型数组进行整体赋值

4．以下程序的输出结果是（　　）。

```
#include <stdio.h>
void main()
{
    int n[3][3], i, j;
    for(i=0;i<3;i++)
       for(j=0;j<3;j++)  n[i][j]=i+j;
    for(i=0;i<2;i++)
       for(j=0;j<2;j++)  n[i+1][j+1]+=n[i][j];
    printf("%d \n",n[i][j]);
}
```
  A．14   B．0   C．6   D．值不确定

5．设有数组定义：char array[]="China";，则数组 array 所占的空间为（　　）。

  A．4个字节 B．5个字节 C．6个字节 D．7个字节

6．执行下列程序时输入：123<空格>456<空格>789<回车>，输出结果是（　　）。

```
#include <stdio.h>
void main()
{
    char s[100]; int c, i;
    scanf("%c",&c);
    scanf("%d",&i);
    scanf("%s",s);
    printf("%c,%d,%s \n",c,i,s);
}
```
  A．123,456,789 B．1,456,789 C．1,23,456,789 D．1,23,456

7．下列程序执行后的输出结果是（　　）。

```
#include <stdio.h>
void main()
{
```

```
        char arr[2][4];
        strcpy(arr,"you"); strcpy(arr[1],"me");
        arr[0][3]='&';
        printf("%s\n",arr);
    }
```
    A. you&me   B. you   C. me   D. arr

8. 下面能正确将字符串"Boy"进行完整赋值操作的语句是（   ）。

    A. char s[3]={'B', 'o', 'y'};   B. char s[ ]="Boy";

    C. char s[3]={"Boy"};   D. char s[3]; s[0]='B'; s[1]='o'; s[2]='y'

二、阅读程序题

1. 写出下面程序的运行结果。

```
#include<stdio.h>
void main()
{
    int s[2][3]={6,5,4,3,2,1};
    int i,j;
    for(i=0;i<=1;i++)
    {
        for(j=0;j<=2;j++)
        printf("%3d",s[i][j]);
        printf("\n");
    }
}
```

2. 写出下面程序的运行结果。

```
#include<stdio.h>
void main()
{
    char s1[6],s2[6],s3[6],s4[6];
    scanf("%s%s",s1,s2);
    gets(s3);
    gets(s4);
    puts(s1);puts(s2);puts(s3);puts(s4);
}
```

  运行时输入以下数据：

  aaa bbb✓

  ccc ddd✓

3. 写出下面程序的运行结果，并指出该程序的功能。

```
#include<stdio.h>
void main()
{
    int i,j;
    int temp;
    int ii,jj;
    int s[4][3]={{3,32,14}, {10,12,3}, {11,2,33}, {6,7,28}};
```

```
      temp=s[0][0];
       ii=jj=0;
      for(i=0;i<4;i++)
        for(j=0;j<3;j++)
          if(s[i][j]<temp)
           {
              temp=s[i][j];
               ii=i;
               jj=j;
            }
      printf("%d,%d,%d\n",temp,ii,jj);
   }
```

三、编程题

1. 编程，求一个 4×4 矩阵两条对角线上所有元素之和。
2. 输入一个字符串，将指定位置的字符删除。
3. 输入一个字符串，在指定的位置插入一个字符。
4. 编写程序，求下列矩阵各行元素之和及各列元素之和。

```
1 2 3 4 5
2 3 4 5 6
3 4 5 6 7
4 5 6 7 8
```

5. 有一篇文章，共有 3 行文字，每行最多 80 个字符。要求分别统计其中英文大写字母、小写字母、数字、空格，以及其他字符的个数。

第 7 章 函数

- 理解并掌握函数的概念、定义和调用的方法和实质
- 掌握有参函数的数据传递方法，区分"值传递"与"地址传递"
- 理解标识符作用域和生成期的概念
- 理解并掌握存储类型的概念
- 理解并学会设计简单的递归函数

函数可以实现程序的模块化，使得程序设计简单、直观，提高程序的可读性和可维护性，程序员还可以将一些常用的算法编写成通用函数，以供随时调用。因此无论程序的设计规模有多大、多复杂，都是划分为若干个相对独立、功能较单一的函数，通过对这些函数的调用，从而实现程序的功能。

C 语言的函数分为库函数和用户自定义函数。

7.1 函数的定义和调用

7.1.1 函数定义

函数的定义如下：
  类型　函数名(参数列表)
  {
    //函数体
    …
  }

类型指函数返回值的数据类型，函数名采用标识符，一对括号"()"内是参数列表，一对大括号"{}"内是函数体，由一组语句组成，完成函数具体功能的实现。

函数值的返回通常是运行结果或状态值。返回采用 return 语句，例如：
  return 0;
  return x>y?x:y;
return 后面跟表达式。

返回值的类型也可以是 void 类型，这种情况下可以写成：
  return;
也可以省略返回语句。

参数列表可以是以下形式：

（1）void

表示函数没有参数，通常把这种函数称为无参函数。例如：
```
int sum(void)
{
   int i,s=0;
   for(i=1,s=0;i<=100;i++)
      s = s + i;
   return s
}
```
函数计算并返回 1 到 100 之间的整数之和。

（2）参数类型 1 参数名 1, 参数类型 2 参数名 2,…

函数包含一个或多个参数，每个参数都必须标注具体的数据类型。这样的函数又称为有参函数。例如：
```
int sum(int n)
{
   int i,s=0;
   for(i=1,s=0;i<=n;i++)
      s = s + i;
   return s
}
```
函数计算并返回 1 到 n 之间的整数之和。

7.1.2 函数调用

函数的执行是由函数的调用来完成的。

C 程序通过 main()函数直接或间接调用其他函数。函数被调用时获得程序控制权，调用完成后，返回调用处执行后面的语句。

函数调用的形式如下：

函数名(实参列表)

以上函数调用的形式可以出现在表达式中，也可以作为一条单独的调用语句来使用。例如：
```
s = sum(100)+sum(200);    /*计算(1+2+…+100) + (1+2+…+200) */
s = sum(100+200);         /*计算 1+2+3+…+300 */
s = sum(n);               /*计算 1+2+3+…+n */
…
```
参数从调用的角度分为实际参数和形式参数，或简称为实参和形参。实参和形参是一一对应的关系，参数的个数和类型都必须一致。如果类型不一致将自动转换，不能自动转换的将在编译或运行时出错。

【例 7-1】演示函数的定义和调用。
```
#include <stdio.h>
int sum(int n)
{
   int i,s=0;
   for( i=1 ; i <= n ; i++)
```

```
        s = s + i;
        return s;
}

void main()
{
    int s;
    s = sum(3) +sum(4) +sum(5);

    printf("(1+2+3)+(1+2+3+4)+(1+2+3+4+5) = %d\n",s);
}
```

程序的运行结果如图 7-1 所示。

(1+2+3)+(1+2+3+4)+(1+2+3+4+5) = 31

图 7-1　例 7-1 的运行结果

以上程序中，主函数 3 次调用 sum 函数，sum 函数完成 1~n 的求和计算并返回计算结果。3、4、5 是实参，sum 函数中的 n 是形参。

形参是在所在函数被调用时才分配存储单元，调用完成后被立即释放。以上程序中的形参 n 就是被 3 次分配，3 次释放。

实参和形参各自分配独立的存储单元，实参可以是常量、变量和表达式，而形参必须是变量。

7.1.3　参考传递

实参向形参的参数传递有两种形式：值传递和地址传递。

值传递是单向的数据传递，传递完成后，对形参的任何操作都不会影响实参。

地址传递也可以说是单向的数据传递，但这种数据往往是变量、结构体、对象等的地址，对形参的操作会直接影响实参，从而使得这种形式上的"单向"数据传递变成"双向"的。地址传递又称为指针传递，在后面的指针章节中将详细介绍。如图 7-2 所示是调用的示意图。

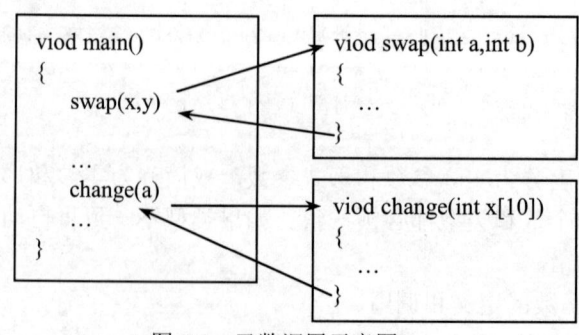

图 7-2　函数调用示意图

下面来看一个例子。

【例 7-2】演示函数的参数传递。

```
#include <stdio.h>
```

```
void swap(int a,int b)
{
 int t;
 t=a;
 a=b;
 b=t;
 printf("a,b=%d(swap)\n",a,b);
}

void change(int x[10])
{
   int i;
   for(i=0 ; i<10 ; i++)
        x[i] = x[i]+ 1; /* 每个元素都加 1*/
}

void main()
{
 int x=10,y=20;
 int a[10] = {1,2,3,4,5,6,7,8,9,10};
 int i,s = 0;

 swap(x,y); /*值传递*/
 printf("x,y=%d(main)\n",x,y);


 for(i = 0 ; i < 10 ; i++)
   s = s + a[i];

 printf("s=%d\n",s);

 s=0;
 change(a); /*地址传递*/

 for(i = 0 ; i < 10 ; i++)
   s = s + a[i];

 printf("s=%d\n",s);

}
```

程序的运行结果如图 7-3 所示。

```
a,b=20(swap)
x,y=10(main)
s=55
s=65
```

图 7-3　例 7-2 的运行结果

swap 函数的功能是交换两个变量的值，t 是中间变量。但返回主函数后，实参 x、y 并没有交换，这是因为实参 x、y 和形参 a、b 的传递关系是值传递。

change 函数将每个数组元素都加 1。主函数调用 change 函数传递的实参是数组名 a，数组名 a 是数组的首地址，所以这种传递是地址传递，对形参 x 的操作就是对实参 a 的操作，调用完成返回主函数再输出数组时，发现和增加了 10，其实就是 10 个元素都加 1 的缘故。

为了便于将结果和程序比对，程序在输出结果时标注了输出的出处（swap）和（main），这是一种调试程序不错的方法。s 的输出都在主函数，标注出处就没有必要了。

7.1.4 函数声明

函数的声明是对函数类型、名称等的说明。对函数及其函数体的建立称为函数的定义。对函数的说明可以和定义一起完成，也可以只对函数的原型进行声明，这种声明通常称为引用性声明，其格式如下：

    <类型> <函数名> (<形参表>);

如：

```
int sum(int a,int b);
```

和完整的函数声明不同的是，形参表可以只给出形参的类型，如：

```
int sum(int,int );
```

形参名可以省略。

另外，这种声明是一条语句，后面的分号（;）必不可少。

之所以需要对函数进行声明，主要是为了获得调用函数的权限。如果调用之前定义或者声明了函数，则可以调用该函数。

被声明的函数其定义往往放在其他文件中或函数库中。经常把各种需要的库函数声明分类存储在不同的文件中，然后在自己设计的程序中包含该文件，例如：

```
#include <math.h>
```

其中 math.h 文件其实包含了很多数学函数的原型声明。

这样做最大的好处在于方便调用和保护源代码。库函数的定义代码已经编译成机器码，对用户而言是不透明的，但用户可以通过库函数的原型声明来获得参数说明并使用这些函数，完成程序设计的需要。

对于用户自定义的函数，也可以这样处理。和使用库函数不同的是，我们经常把自己设计的函数放在调用函数之后，例如，我们习惯于先设计 main()函数，再设计自定义函数，这个时候需要超前调用自定义函数，在调用之前需要进行超前函数原型声明。

7.4 标识符作用域

所谓作用域就是作用范围，不同作用域允许相同的标识符出现，同一作用域标识符不能重复，嵌套的作用域标识符由内向外屏蔽。

图 7-4 中标出了由两个文件组成的程序中不同形式的作用域，其中块作用域和函数作用域包含在文件作用域中。

块作用域通常指一对花括号"{}"，例如复合语句和函数体等。函数的形参表也可称为块。

函数中可以包含块，块中也可以有更小范围的块，为了说明作用域以及标识符的命名和屏蔽问题，下面来看一个例子。

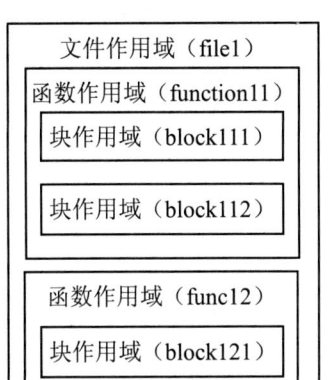 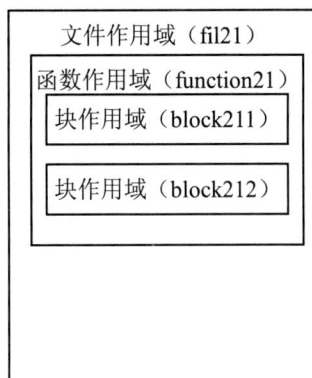

图 7-4　标识符作用域示意图

【例 7-3】作用域演示。

```
#include <stdio.h>

int a=10;  /* a 作用域为从定义处到文件结尾 */

static int add(int a, int b)  /*函数为内部函数，其他文件不能调用*/
{
   return a+b;    /*a、b 作用域为 add 函数*/
}

void main()
{
   int a,b,c;  /*a、b、c 作用域为 main 函数体，a 将屏蔽函数外部的全局变量 a*/
   int i,s = 0;           /*i 的作用域在 main 函数体*/
   int sub(int,int);      /*sub 函数在调用之后，所以在此作原型声明*/
   extern int d;          /*声明外部变量，因为变量在引用之后*/
   a=20;
   c=10;
   {                      /*复合语句，块的一种*/
       int a;             /*将屏蔽 main 中的 a 和函数外部的全局变量 a*/
       int c=20;          /*将屏蔽 main 中的 c*/
       b=10;              /*直接修改块之外的 b*/
       a = add(b,c);      /*直接引用 add，因为 add 在调用之前已经定义*/
   }

   printf("a = %d,b = %d,c = %d\n",a,b,c);

   for(i=1 ; i <= 100 ; i++)
   {
       s = s + i;
   }

   for(i = 1 ; i <= 100 ; i++)
```

```
        {
            s = sub(s, i);
        }

        printf("s = %d\n",s);

        printf("d = %d\n" ,d);

    }

    extern int sub(int a, int b)  /* 外部函数,其他文件可以调用 */
    {
        return a-b;
    }

    int d = 888;  /*全局变量,main 函数加 extern,可以提前引用*/
    int e = 999;   /*也是全局变量,因为后面没有函数,作用域实际为空*/
```
程序的运行结果如图 7-5 所示。

```
a = 20,b = 10,c = 10
s = 0
d = 888
```

图 7-5 例 7-3 的运行结果

以上在函数内部或块内部声明的变量成为局部变量,只能在函数和块内使用;在函数外部声明的变量称为全局变量,可以供所有函数和块使用,其默认的作用域是从声明位置到文件尾。

对于全局变量和函数,可以用加 extern 的原型声明来提前获得使用权限,上面程序中函数 sub 和变量 d 就是这种情况。

全局变量可以为所有作用域的函数共享,为函数之间的数据交换提供便利,但这种便利是建立在分配静态存储空间基础上的,前面提到的函数之间参数的传递则是动态分配存储空间给形参,函数调用完成后会自动释放存储资源,数据流向清晰自然,易于控制,所以程序设计过程中尽量少用全局变量,除非遇到很多函数都需要共享数据的时候。

7.5 存储类型

从分配内存到被回收,变量的使用具有时效性,这就是变量的生存期。在整个程序运行过程中,不同存储类型的变量生存期也各有差异。

一个程序在内存中占用的存储空间分为两个部分:程序区和数据区,数据区也可以分成静态数据区和动态数据区。

程序区用来存放可执行程序代码。静态存储区用来存放静态数据,如静态常量、静态变量。动态存储区用来存放动态数据,如动态常量、动态变量。管理结构上,动态存储区分为堆内存区和栈内存区,堆和栈是不同的数据结构,栈由系统管理,堆由用户管理。

静态变量是指 main()函数执行前就已经分配内存的变量，其生存期为整个程序执行期；动态变量是在程序执行到该变量声明的作用域开始才临时分配内存，其生存期仅在其作用域内。

生存期和作用域是不同的概念，分别从时间上和空间上对变量的使用进行界定，相互关联又不完全一致，例如，静态变量的生存期贯穿整个程序，但作用域是从声明位置开始到文件结束。

变量的存储类型包括自动（auto）、寄存器（register）、静态（static）、外部（extern）4 种。

7.5.1 自动（auto）类型

auto 用于局部变量的存储类型声明，可以省略，系统默认局部变量为 auto 类型。auto 类型变量是动态变量，声明时系统不会自动初始化，其值是随机的，所以必须在使用前初始化或赋值。下面的用法是错误的：

```
int add(int a,int b)
{
   int c;
   c = c + a + b; /*错误：c 没有初始化，不能在右边的表达式中被引用*/
   return c;
}
auto int a; /*错误：外部变量不能声明为 auto 类型*/
```

7.5.2 寄存器（register）类型

register 用于局部变量的存储类型声明，表示请求编译器尽可能直接分配使用 CPU 的寄存器，在寄存器满的情况下才分配内存。这种类型的变量主要用于循环变量，可以大大提高对这种变量的存取速度，从而提高程序效率。

能实际实现为 register 类型的变量很少，主要是寄存器数量有限。

【例 7-4】演示 auto 和 register 类型变量。

```
#include <stdio.h>

void main()
{
    auto int s=0;
    register int i;
    for(i=1 ; i <= 100 ; i++)
    {
         s = s + i;
    }

    printf("1+2+3+…+100 = %d\n",s);

}
```

程序的运行结果如图 7-6 所示。

```
1+2+3+...+100 = 5050
```

图 7-6 例 7-4 的运行结果

7.5.3 静态（static）类型

static 类型变量称为静态变量，存放在静态存储区。

全局变量和局部变量都可以声明为 static 类型，但意义不同。

全局变量总是静态存储，默认值为 0。全局变量前加上 static 表示该变量只能在本程序文件内使用，其他文件无使用权限。对于全局变量，static 关键字主要用于在程序包含多个文件时限制变量的使用范围，对于只有一个文件的程序有无 static 都是一样。

局部变量声明为 static 类型，则要求系统对该变量采用静态存储的内存分配方式。值得注意的是，对这种 static 类型的局部变量，系统初始化只进行一次，多次遇到该声明语句，将不再被执行。

【例 7-5】演示静态变量。

```c
#include <stdio.h>

int s;

static int t;  /*其他文件不能使用*/

void main()
{
   int sum(int);
   int i;
   for(i=3 ; i <= 5 ; i++)
   {
        s = sum(i);
        t = t + s;  /*全局变量t自动初始化为 0 */
   }

   printf("1+2+3+4+5 = %d\n",s);
   printf("(1+2+3)+(1+2+3+4)+(1+2+3+4+5) = %d\n",t);
}

int sum(int n)
{
    static int s=0;  /*该行语句只执行一次*/
    int i;
    for( i = 1; i <= n ; i++)
        s = s + i;

    return s;
}
```

程序的运行结果如图 7-7 所示。

```
1+2+3+4+5 = 31
(1+2+3)+(1+2+3+4)+(1+2+3+4+5) = 53
```

图 7-7 例 7-5 的运行结果

s 和 t 的结果没有达到预期的目的。

【程序分析】

sum 函数计算 1+2+3+…+n。主函数中利用 for 循环 3 次调用 sum 函数，分别计算 sum(3)、sum(4)、sum(5)，s 的值是最后一个 sum(5)，t 将 3 次结果累加。由于 s 只能初始化一次，所以，当计算 sum(4) 的时候，s 的值没有被修改为 0，而是上次计算 sum(3) 的结果 6；同样，计算 sum(5) 的时候，s 的值是前面两次的累加和 16，所以 sum(5) 的结果是 31，正好是 sum(3)+sum(4)+sum(5)，而 t 实际上是 sum(3)+(sum(3)+sum(4))+(sum(3)+sum(4)+sum(5))，即 6+(6+10)+(6+10+15) 等于 53。

其实，如果将 sum 函数中的 static s=0;改成 int s=0;，则程序运行结果将变成如图 7-8 所示。

```
1+2+3+4+5 = 15
(1+2+3)+(1+2+3+4)+(1+2+3+4+5) = 31
```

图 7-8 例 7-5 修改后的运行结果

显然，这才是程序需要的结果。

7.5.4 外部（extern）类型

extern 关键字用于声明外部的联接。对于全局变量，以下定义形式没什么区别：

```
extern int a;
int a;
```

默认情况下，在文件域中声明的变量和函数都是外部的。但对于作用域范围之外的变量和函数，需要 extern 来进行引用性声明。读者可以在例 7-3 中与普通变量和函数进行比较。

7.6 递归函数

函数不能嵌套定义，但可以嵌套调用。函数 A 可以调用 B，函数 B 也可以调用 C，这种调用称为嵌套调用。如果函数直接或间接调用自身，则称为递归调用，该函数则称为递归函数。

例如前面提到的求 n 阶乘的程序，也可以这样理解：

$$n! = \begin{cases} 1 & n=1 \\ n \times (n-1)! & n>1 \end{cases}$$

假设函数 f(int n) 计算 n 的阶乘。

$f(5) = 5 \times f(4)$
$\quad = 5 \times 4 \times f(3)$
$\quad = 5 \times 4 \times 3 \times f(2)$
$\quad = 5 \times 4 \times 3 \times 2 \times f(1)$

函数的调用关系如图 7-9 所示。

$$f(5) \rightleftarrows f(4) \rightleftarrows f(3) \rightleftarrows f(2) \rightleftarrows f(1)$$

图 7-9　递归函数调用示意图

当调用到 f(1)时，因为 n=1，则得到 1!为 1，然后返回到 f(2)即 2×f(1)，结果为 2，再返回到 f(3)即 3×f(2)，结果为 6，再返回至 f(4)即 4×f(3)，结果为 24，最后返回到 f(5)即 5×f(4)，结果为 120。

【例 7-6】演示递归函数的应用。

```c
#include <stdio.h>
int f(int n)
{
    if(n == 1)
        return 1;
    else
        return n*f(n-1);
}

int s(int n)
{
    if(n == 1)
        return 1;
    else
        return n + s(n-1);
}

void main()
{
    printf("5! = %d\n",f(5));

    printf("1+2+3+...+100 = %d\n",s(100));
}
```

程序的运行结果如图 7-10 所示。

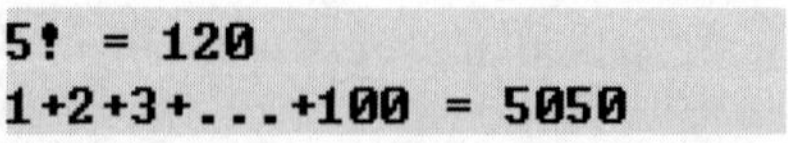

```
5! = 120
1+2+3+...+100 = 5050
```

图 7-10　例 7-6 的运行结果

程序中还设计了计算 1~n 的和的递归函数，其原理和求阶乘的递归函数一样。

可以看出，递归函数的层次越多，所调用的同名函数也就越多，对内存资源的消耗也就越多。其本质还是嵌套调用，只不过每次调用的实参是收敛的，最后通过终点值再层层返回，调用是有限次数的调用，整个调用和返回的过程是一个大的循环。

递归本质上并不简单，但形式上的确很简练，利用好递归算法能很好地解决很多实际问题。

7.7 程序示例

【例 7-7】 演示函数调用时求值的顺序。
```
#include <stdio.h>
void f(int a,int b)
{
   printf("a=%d,b=%d\n",a,b);
}

void main()
{
   int i,j;
   i=j=1;     f(i,++i);
   i=j=1;     f(i,i++);
   i=j=1;     f(i+j,++i);
   i=j=1;     f(i+j,i++);
}
```
程序在 TC 和 VC 下运行结果分别如图 7-11 所示。

```
                a=2,b=2
a=2,b=2         a=1,b=1
a=2,b=1         a=3,b=2
a=3,b=2         a=2,b=1
a=3,b=1
```

图 7-11 例 7-7 的运行结果

通过第 1 行和第 3 行的输出结果可以看出，参数的传递是从右向左的，否则 a 接收的值应该分别等于 1 和 2，实际上 a 接收的分别是 2 和 3。

第 2 行和第 4 行的输出结果在 TC 和 VC 下不一样，这在前面已经解释过，TC 下 i++ 的结果会影响到 i+j，而 VC 下后缀运算是在所有参数项处理完毕之后才实现。由此可以看出 TC 的函数参数的处理是逐级影响的。

【例 7-8】 验证 9999 是否符合"歌德巴赫猜想"。

哥德巴赫（Goldbach C., 1690.3.18-1764.11.20）是德国数学家，出生于格奥尼格斯别尔格（现名加里宁城），曾在英国牛津大学学习；原学法学，由于在欧洲各国访问期间结识了贝努利家族，所以对数学研究产生了兴趣；曾担任中学教师。

"歌德巴赫猜想"是歌德巴赫在 1742 年 6 月 7 日给著名数学家欧拉的信中提出的一个命题：

随便取某一个奇数，比如 77，可以把它写成 3 个素数之和：
    77=53+17+7
再比如 461：
    461=449+7+5
下面用循环来验证 9999 是否符合这个猜想。
```
#include <stdio.h>
```

```c
#include <stdlib.h>

int isprimer(int);

void main()
{
    int n=9999;
    int a,b,c;
    for(a = 2 ;a < n ;a++)
    {
        if(isprimer(a))
            for( b = 2;b < n ;b++)
            {
                c = n - a - b ;
                if(isprimer(b) &&  isprimer(c))
                {
                    printf("%d In Goldbach Guess\n",n);
                    printf("%d=%d+%d\n",a,b,c);
                    exit(0);
                }
            }
    }
    printf("%d Out Goldbach Guess\n",n);
}

int isprimer(int n)   /* 判断 n 是否是素数 */
{
    int i;
    for(i = 2 ; i <= n/2 ; i++)
        if(n % i == 0)
            break;
    if(i > n/2 )
        return 1;
    else
        return 0;
}
```

```
9999 In Goldbach Guess
3=23+9973
```

图 7-12 例 7-8 的运行结果

程序的运行结果如图 7-12 所示。

函数 exit(0)表示退出程序，返回操作系统。使用该函数需要包含头文件 stdlib.h。

【例 7-9】演示数组和函数的关系。

```c
#include <stdio.h>
int sum(int a,int b)
{
    return a+b;
}

int sumarray(int a[10])
```

```
{
   int s=0;
   int i;
   for( i = 0 ; i < 10 ; i++)
       s = s+ a[i];
   return s;
}

void cleararray(int a[],int pos)
{
   int i;
   a[pos] = 0;
}

void clear(int a)
{
   a = 0;
}

void main()
{
   int a[10]={1,2,3,4,5,6,7,8,9,10};

   printf("a[0]+a[2]=%d\n",sum(a[0],a[2]));   /*以数组元素a[0]、a[2]为实际参数*/
   printf("a[0]+a[1]+...+a[9]=%d\n",sumarray(a));   /*以数组名a为实际参数*/

   clear(a[2]);                               /*以数组元素a[2]为实际参数*/

   printf("a[0]+a[2]=%d\n",sum(a[0],a[2]));   /*以数组元素a[0]、a[2]为实际参数*/
   printf("a[0]+a[1]+...+a[9]=%d\n",sumarray(a));   /*以数组名a为实际参数*/

   cleararray(a,2);                           /*以数组名a为实际参数*/

   printf("a[0]+a[2]=%d\n",sum(a[0],a[2]));   /*以数组元素a[0]、a[2]为实际参数*/
   printf("a[0]+a[1]+...+a[9]=%d\n",sumarray(a));   /*以数组名a为实际参数*/

}
```

程序的运行结果如图7-13所示。

【例7-10】利用递归函数调用输出如图7-14所示的图形。

```
a[0]+a[2]=4
a[0]+a[1]+...+a[9]=55
a[0]+a[2]=4
a[0]+a[1]+...+a[9]=55
a[0]+a[2]=1
a[0]+a[1]+...+a[9]=52
```

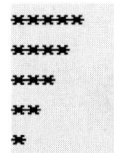

图7-13 例7.9 的运行结果　　　　　　　　图7-14 例7-10 要求输出的图形

```
#include <stdio.h>

#define N 5

void lineprint(int n)
{
   while(n--) printf("*");
   printf("\n");
}

void print(int n)
{
   if( n >=1)
   {
        lineprint(n);    /*输出一行星号*/
        print(n-1);      /*递归调用*/
   }
   else
        return;
}

void main()
{
   print(N);
}
```

如果修改 lineprint 函数,可以得到不同的图形,例如下面的 lineprint:

```
void lineprint (int n)
{
   int i=n;
   while(i--)      printf(" ");
   while(n--) printf("*");
   printf("\n");
}
```

程序的运行结果如图 7-15 所示。

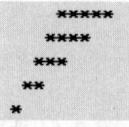

图 7-15 例 7-10 修改后输出的图形

本章内容包括:
(1) 函数的分类: 库函数和用户自定义函数。

（2）函数的定义：类型、函数名、形式参数、函数体以及函数的原型声明等。

（3）函数的调用：函数的嵌套和递归调用，其中包括函数实参和形参之间的 3 种传递方式：值传递、引用传递、地址传递。

（4）变量的作用域和存储方式：变量的作用域是指变量在程序中的有效范围，分为局部变量和全局变量。变量的存储方式是指变量在内存中的存储类型，它表示了变量的生存期，分为静态存储和动态存储，具体的存储类型包括 auto、register、static 和 extern 四种。

习题七

一、选择题

1．C 语言中，关于函数说法正确的是（   ）。
   A．函数的定义可以嵌套，但函数的调用不可以嵌套
   B．函数的定义不可以嵌套，但函数的调用可以嵌套
   C．函数的定义和函数的调用均不可以嵌套
   D．函数的定义和函数的调用均可以嵌套

2．C 语言中，下列说法正确的是（   ）。
   A．C 语言程序必须要有 return 语句
   B．C 语言程序中，要调用的函数必须在 main()函数中定义
   C．C 语言程序中，只有 int 类型的函数可以未经声明而出现在调用之后
   D．C 语言程序中，main()函数必须放在程序开始的部分

3．C 程序中，若实参是普通变量，则调用函数时，下面说法正确的是（   ）。
   A．实参和形参各占用一个独立的存储单元
   B．实参和形参可以共用存储单元
   C．可以由用户指定是否共用存储单元
   D．由计算机系统自动确定是否共用存储单元

4．已知函数 sum 定义为：
```
void f(int &n)
{
   int i;
   ...
}
```
则函数定义中 void 的含义是（   ）。
   A．执行函数 f 后，函数没有返回值
   B．执行函数 f 后，函数不再返回
   C．执行函数 f 后，函数返回任意类型值
   D．以上 3 个答案都是错误的

5．下面叙述中不正确的是（   ）。
   A．在不同的函数中可以使用相同名字的变量

B．函数中的形式参数是局部变量

C．在一个函数内定义的变量只在本函数范围内有效

D．在一个函数内的复合语句中定义的变量在本函数范围内有效

6．C++语言中，可以用来说明函数类型的是（　　）。

  A．auto 或 static   B．extern 或 auto

  C．static 或 extern   D．auto 或 register

7．在 C++语言中，若有一个变量能在本文件中被所有函数使用，则该变量的存储方式是（　　）。

  A．register   B．extern   C．static   D．auto

8．下面描述中不正确的是（　　）。

  A．在一个函数中，既可以使用本函数中的局部变量，又可以使用全局变量

  B．在函数之外定义的变量称为外部变量，外部变量是全局变量

  C．在同一程序中，若外部变量与局部变量同名，则在局部变量作用范围内，外部变量不起作用

  D．外部变量定义和外部变量说明的含义不同

9．在 C 语言中，变量的存储方式为＿＿＿＿类型时，系统才在使用时分配存储单元。

  A．static   B．static 和 auto   C．auto 和 register   D．register 和 static

10．一个源文件中定义的全局变量的作用域是（　　）。

  A．本函数的全部范围   B．本程序全部范围

  C．本文件全部范围   D．从定义开始至本文件结束

二、填空题

1．函数参数传递方式有＿＿＿＿、＿＿＿＿、＿＿＿＿。

2．全局变量与函数体内定义的局部变量同名时，在函数体内＿＿＿＿变量起作用。

3．函数默认的数据类型是＿＿＿＿。

4．下面程序的功能是在 f 函数中计算 10 个学生的平均成绩，返回主函数输出，请填空。

```
#include <stdio.h>
float f(float x[],int n)
{
   int i;
   float average,s=0;
   for(i = 0 ; i <n ; i++)
      s = s +_____;
   average = s/n;
   _____
}
int main()
{
   float a[20];
   for (int i = 0 ; i < 20 ; i++)
      scanf("%d"",&a[i]);
```

```
        printf("average=%f\n",_____);
        return 0;
    }
```

5. 下面程序的功能是用函数的递归调用求 1!+2!+3!+…+5!。
```
    #include <stdio.h>
    long f(int n)
    {
        if(n==1)
            return 1;
        else
            return _____;
    }
    int main()
    {
        long s;
        s= _____ ;
        for( int i = 1 ; i <= 5 ;i++)
            s = s + _____;
        printf("1!+2!+3!+…+5! =%d\n",s);
    }
```

三、阅读程序，写出运行结果

1. 下列程序的输出结果是_____。
```
    #include < stdio.h>
    int add(int a,int b);
    int main()
    {
        extern int x,y;
        cout<<add(x,y)<<endl;
        return 0;

    }
    int x=20,y=5;
    int add(int a,int b)
    {
        int s=a+b;
        return s;
    }
```
2. 下列程序的输出结果是_____。
```
    #include < stdio.h>
    void f(void)
    {
        int x=5;
        static int y=10;
        ++x;
```

```
        ++y;
        cout<<x<<","<<y<<endl;
}

void main()
{
    f();
    f();
}
```

四、程序设计题

1. 编写函数，求 1+3+5+7+…+99。
2. 编写函数，求 3 个整数中的最大数。
3. 菲波那契数列的定义为：数列前两个数都是 1，从第 3 个数开始，每个数都是前面两个数的和，即：

$$F_n = \begin{cases} 1 & n=1 \text{ 或 } n=2 \\ F_{n-1} + F_{n+2} & n \geqslant 2 \end{cases}$$

图 7-16　斐波那契数列公式

编写一函数实现调用该函数，输出该数列的第 n 项的数值。

4. 编写函数，实现在一个字符串中插入指定字符。
5. 编写函数，将输入的十进制数转换成十六进制数并输出。

第 8 章　指针

本章学习目标

- 理解并掌握地址、指针和指针变量的概念
- 练掌握指针变量的定义、初始化和引用方法
- 理解并掌握指针与数组的关系
- 了解指针数组和多级指针的概念
- 了解指针与函数的关系
- 学会在程序设计中正确应用指针解决实际问题

在 C 语言中，一种比较重要且较难掌握的数据类型，就是指针类型。指针是 C 语言区别于其他程序设计语言的主要特征之一。正确灵活地使用指针可以充分地发挥 C 语言的特点，提高某些程序的执行效率，更加方便地表示和访问复杂的数据结构、直接对内存操作等。

8.1　指针的概念

前面学习过变量、数组、函数。在程序执行时它们在内存中都有地址编号，考虑到直接使用这些地址（如 0X0012FF18）的不便，C 语言允许使用变量名、数组名[下标]、函数名等标识符来访问。这种访问是间接地访问内存中相应的地址。这些地址也可以通过&变量名、数组名、函数名分别得到。

指针其实就是在内存中的地址，它可能是变量的地址，也可能是函数的入口地址。如果指针变量存储的地址是变量的地址，称该指针为变量的指针（或变量指针）；如果指针变量存储的地址是函数的入口地址，称该指针为函数的指针（或函数指针）。

指针变量与变量指针的含义不同：指针变量也简称为指针，是指它是一个变量，且该变量是指针类型的；而变量指针是指它是一个变量，该变量是指针类型的，且它存放另一个变量的地址。

8.2　指针变量的定义和初始化

定义指针变量的形式如下：
　　数据类型　*指针变量名；
定义并初始化的形式为：

数据类型 *指针变量名=&变量名;

没有指向的指针变量的值是随机的，称为"野指针"。只有被赋值以后，指针变量才有确定的指向，没有初始化的指针变量必须在使用之前进行赋值操作，使其有所指向。

例如：
```
int  a;
int  *p=&a;
```
或者：
```
int  a,*p=&a;
```

数据类型是任意类型，是指针所指向的变量的类型。"*"不是指针变量的一部分，这里用来说明不是普通变量，而是一个指针变量。

例如：
```
int a=1000;     //定义普通变量
int *pa;        //定义指针变量
```
假设有：
```
pa=&a;
```

则指针变量 pa 的值就是普通变量 a 的地址。这样，访问变量 a 就多了一种方法：根据指针变量 pa 的值找到普通变量 a 的内存地址（相当于&a），再从该地址取得 a 的值。

如图 8-1 所示，内存中指针变量 pa 对应的数据是 0012FF68，是变量 a 的地址，通过这个地址将 pa 和 a 形成关联，从而可以实现用 pa 间接访问 a 的数据 1000。

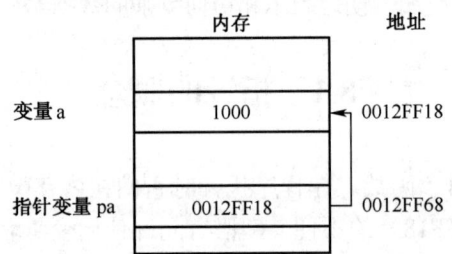

图 8-1 指针和普通变量的内存存储关系示意图

在定义指针变量时还要注意，一个指针变量只能指向同一个类型的变量。如前面定义的 pa 只能指向变量 a，不能同时指向其他另外一个变量。

在定义了一个指针后，系统会为指针分配内存单元。各种类型的指针被分配的内存单元大小是相同的，因为每个指针都存放的是内存地址的值，所需要的存储空间当然相同。

8.3 指针运算

8.3.1 *运算符和取地址运算符&

*运算符作用在指针（地址）上，代表该指针所指向的存储单元（及其值），实现间接访问，因此又叫"间接访问运算符"。如：
```
int  a=1000, *pa;
p=&a;
```

*p 的值为 1000，与 a 等价。*运算符为单目运算符，与其他的单目运算符具有相同的优先级和结合性（右结合性）。根据*运算符的作用，*运算符和取地址运算符 & 互逆：

  *(&a)==a   &(*p)==p

注意：在定义指针变量时，"*"表示其后是指针变量；在执行部分的表达式中，"*"是指向运算符。

8.3.2 指针变量的引用

有了指针变量及运算符，就可以引用指针变量了。

【例 8-1】输入两个整数 a 和 b，演示指针变量的引用。

```
#include <stdio.h>
void swap1(int x , int y)
{
   int temp;
   temp = x;
   x = y;
   y = temp;
}

void swap2(int *x , int *y)
{
   int temp;
   temp = *x;
   *x = *y;
   *y = temp;
}

void swap3(int *x , int *y)
{
   int *temp;
   temp = x;
   x = y;
   y = temp;
}

void main()
{
   int a,b;
   int *pa,*pb;

   pa=&a;
   pb=&b;
```

```
        a=10,b=20;
        swap1(a,b);
        printf("a=%d,b=%d,*pa=%d,*pb=%d\n",a,b,*pa,*pb);

        a=10,b=20;
        swap2(pa,pb);
        printf("a=%d,b=%d,*pa=%d,*pb=%d\n",a,b,*pa,*pb);

        a=10,b=20;
        swap3(pa,pb);
        printf("a=%d,b=%d,*pa=%d,*pb=%d\n",a,b,*pa,*pb);
    }
```
程序的运行结果如图8-2所示。

```
a=10,b=20,*pa=10,*pb=20
a=20,b=10,*pa=20,*pb=10
a=10,b=20,*pa=10,*pb=20
```

图 8-2 例 8-1 的运行结果

程序中设计了 3 个交换值的函数，交换的结果是有差别的，分析如下：

（1）swap1。swap1 函数形式参数表为 int x,int y，主函数调用方式为 swap1(a,b);，这个函数参数传递方式为值传递，a、b 的值以及 pa、pb 指针变量都不受影响。

（2）swap2。swap2 函数形式参数表为 int *x,int *y，主函数调用方式为 swap2(pa,pb);，形参是指针变量，实参也是指针变量。交换算法中采用指向运算符*，所以*x、*y 和 pa、pb 是对应相同的数据 a、b，最后函数实现了交换。

（3）swap3。swap3 函数形式参数表为 int *x,int *y，主函数调用方式为 swap3(pa,pb);，形参是指针变量，实参也是指针变量。交换算法中临时指针变量虽然把 x、y 交换，但 pa、pb 没有交换，所以对应的数据 a、b 也没有受到影响，交换是失败的。

交换算法之前和交换算法之后分别如图 8-3 和图 8-4 所示。

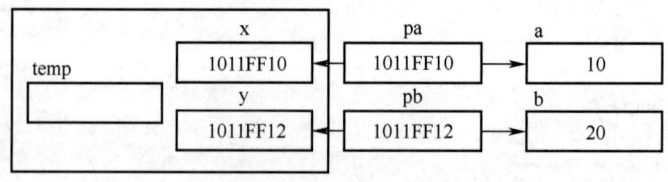

图 8-3 交换算法之前

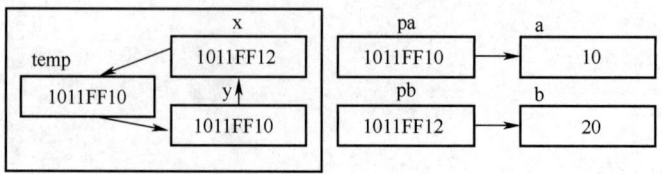

图 8-4 交换算法之后

8.3.3 指针的算术运算和关系运算

指针变量有赋值运算，指针有指向运算。有意义的指针运算还包括算术运算和关系运算。不过，参与算术运算和关系运算的指针是有一定限制的，通常在指针代表一些连续的存储单元的情况下才有实际意义。

1. 算术运算

指针可进行的算术运算有：

（1）指针变量的++和--运算。
（2）指针加、减整数运算。
（3）指向同一数组不同元素的指针相减运算。

假定有：
```
char str[100]= "Hello World";
char *p=str,*q;
```
指针变量 p 指向字符数组的首字符 H，如图 8-5 所示。

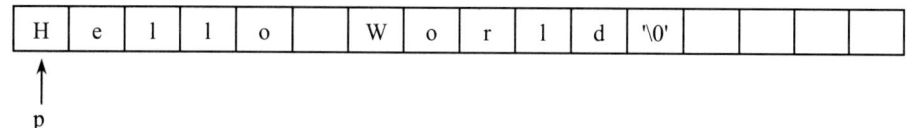

图 8-5　指针变量 p 和字符数组初始状态

则以下运算：

```
p++;
```

指针变量自增（减）运算，指针变量向地址高端（低端）移动一个单元。指针变量 p 将指向字符 e，如图 8-6 所示。

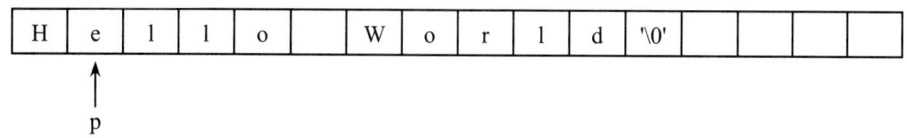

图 8-6　p++后指针变量 p 和字符数组的状态

```
q=p+3;
```

含义是：将 p 存放的地址值增加 3 个单元赋给 q，即 q 指向 p 的高端两个单元。q 则指向字符 o，如图 8-7 所示。此时两指针变量相减 q-p 值为 3，表示相差 3 个单元。注意，"单元"不是字节，而是根据不同数据类型长度不同，如果指针变量是 float 类型，则单元的长度就是 4 个字节长度。

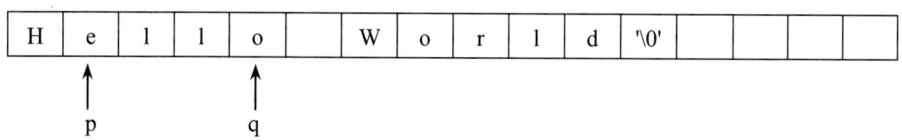

图 8-7　q=p+3 后指针变量 p 和字符数组的状态

指向数组的指针还有下标运算,例如,在 p 指向 e、q 指向 o 的情况下,字符 W 可以用 str[6]表示,也可以用 p[5]、q[2]表示。

2. 关系运算

关系运算是比较指针大小的运算。两个指针相等说明指向同一存储单元。

例如上面的示例中,由于 q-p=3,显然有 q>p。

8.4 指针与数组

C 语言中,指针和数组关系非常密切,有了指针,对数组的操作就更加方便了。

其实数组名本身就是指针(地址),是数组元素在内存中的首地址,数组元素可用下标访问,也可以用指针访问。

8.4.1 指针与字符数组

前面提到一个字符数组和字符指针(如图 8-8 所示):

```
char str[100]= "Hello World";
char *p=str;
```

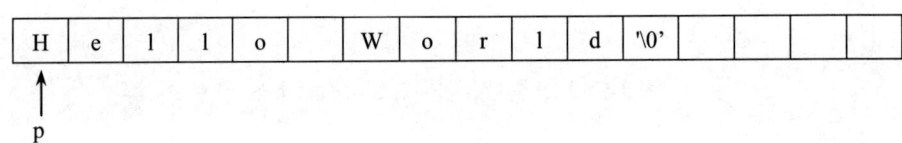

图 8-8 指针变量 p 和字符数组

字符 W 的表示方法至少有以下几种:str[6]、*(str+6)、p[6]、*(p+6)。

如果 p++后 p 指向了 e,则用 p 表示的字符 W 形式就更改为:p[5]、*(p+5)

为了说明指针和数组的关系,我们来看一个例子。

【例 8-2】演示指针和数组的关系。

```
#include <stdio.h>
void main()
{
    char str[100]="123456789";
    char *p=str;
    char des[100],*q;

    /*顺序输出*/
    while(*p != NULL)    /* NULL 就是'\0' */
        printf("%c",*p++);
    printf("\n");

    /*逆序输出*/
    while(--p >= str)
        printf("%c",*p);
    printf("\n");
```

```
    /*字符串拷贝*/
    p=str;
    q=des;
    while(*p != NULL) *q++ = *p++;
    *q=NULL;
    printf("%s\n",des);
    return 0;
}
```

```
123456789
987654321
123456789
```

图 8-9 例 8-2 的运行结果

程序的运行结果如图 8-9 所示。

程序中没有使用循环变量,但同样实现了字符数组的遍历。程序的关键在于当指针指向字符串的结束符 NULL 时,终止循环。

8.4.2 指针与其他类型数组

对于其他类型数组,指针与数组的关系也很类似,下面的例子可以说明。

【例 8-3】演示指针和整型数组的关系,数组动态分配内存。

```
#include <stdio.h>
void main()
{
    int a[10] = {1,2,3,4,5,6,7,8,9,10};
    int *p=a,*q=p+9;
    int s;
    for(s = 0 ; q >= p ; q--)
        s = s + *q;
    printf("s=%d\n",s);
}
```

程序的运行结果如图 8-10 所示。

```
s=55
```

图 8-10 例 8-3 的运行结果

注意程序中的 q--,每次递减的是一个 int 类型单元,而不是一个字节。

8.4.3 指针与二维数组

对于二维数组,同样可以建立指针变量来引用操作数组及数组元素。

必须认识到,二维数组其实可以看成由一维数组构造而成。就相当于几个队列构成一个方阵,方阵由队列组成,队列由具体的元素——人组成。

前面学习的指针只能管理队列,如果管理方阵,则需要二级指针。

和前面介绍一级指针不同的是,出现一个指针变量 ppa,指向指针变量 pa,所以 ppa 又可以称为指向指针的指针,如图 8-11 所示。

那么表示变量 a 的方法又多了一种:

((ppa)) ≡ *(pa) ≡ a ≡ 1000

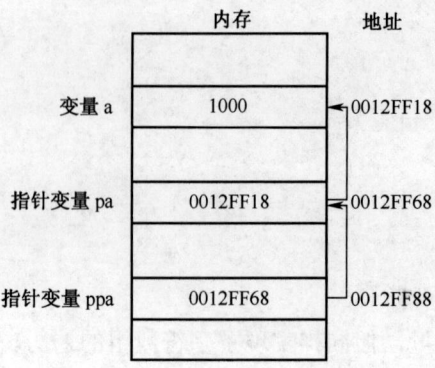

图 8-11 二级指针示意图

定义这样的指针的指针的形式为：
```
int **ppa;
ppa=&pa;
```
ppa 可以管理二维数组，下面的例子可以说明问题。

【例 8-4】演示指针和二维数组的关系。
```
#include <stdio.h>
void main()
{
   int s,t;
   int a[3][4];
   int *p[3],*q;
   int i,j;

   s=t=0;

   for(i =0 ; i < 3 ; i++)
   {
       p[i] = a[i];              /*让指针数组的元素分别指向二维数组的行地址*/
       for(j = 0 ; j < 4 ; j++)
           a[i][j] = i * 3 + j;
   }

   for(i=0 ; i<3 ; i++)
   {
       q = p[i];                 /*取得每一行的首地址*/
       for(j=0 ; j<4 ; j++)
       {
           s = s + *(*(p+i)+j) ; /*用二级指针表示元素*/
           t = t + *(q+j);       /*用一级指针表示元素*/
       }
   }

   printf("s=%d,t=%d\n",s,t);
}
```

程序的运行结果如图 8-12 所示。

s=54,t=54

图 8-12　例 8-4 的运行结果

【分析】例题展示了指针和数组之间的关系。

int *p[3]是指针数组。所谓指针数组，首先是一个数组，只不过其元素不是普通的变量，而是指针变量。即 p[0]、p[1]、p[2]相当于前面提到的指针变量。单独的指针变量可以指向一个一维数组，例如例题中的数组 a 的第一行，如图 8-13 所示。

p[0]→	0	1	2	3
	3	4	5	6
	6	7	8	9

图 8-13　指针数组的元素和二维数组的关系

p 是指针数组的数组名，如图 8-14 所示。

p →	p[0]	p[1]	p[2]

图 8-14　指针数组示意图

这样的指针数组和普通的数组形式上是一样的。

那么如何通过 p 访问二维数组元素呢？显然 p 是指向指针的指针，是二级指针，所以需要降级两次才能访问到二维数组的数组元素。

a[1][2]用 p 表示就是 *(*(p+1)+2)，其实就是*(p[1]+2)、*(a[1]+2)。完整的示意图如图 8-15 所示。

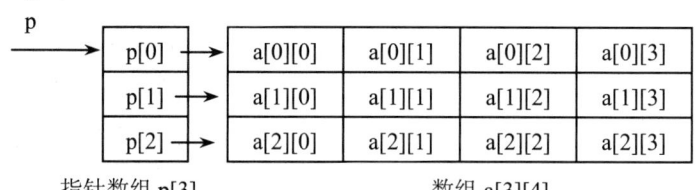

图 8-15　指针与数组关系示意图

8.5　指针与函数

8.5.1　指针作为函数的参数

同其他变量一样，指针也可以用作函数的参数。前面示例中已经出现过，例如：

```
int swap2(int *x, int * y)
{
  int temp;
  temp = *x;
  *x = *y;
```

```
            *y = temp;

            return 0;
        }
```
实际调用该函数时,如:
```
        swap2(&a,&b);
```
在调用时,把实参的指针传送给形参,即传送&a、&b,这是函数参数的引用传递。但是,作为指针本身,仍然是函数参数的值传递方式。因为在 swap 函数中创建的临时指针在函数返回时被释放,它不能影响调用函数中的实参指针(即地址)值,例如前面提到的 swap4:
```
        int swap3(int *x , int *y)
        {
            int *temp;
            temp = x;
            x = y;
            y = temp;
            return 0;
        }
```
实际调用该函数时,如:
```
        swap3(&a,&b);
```
由于仅仅是交换 x 和 y 的值,而不是 x 和 y 指向的 a 和 b 的值,所以 a、b 并没有实现交换。

8.5.2 函数指针

和数组名类似,函数名代表了函数在内存中的入口地址。函数代码在程序执行以前也会分配一段连续存储的区域,该区域的首字节编号称为函数指针。函数名是一个指针常量,也可以定义指向函数的指针变量来接受函数指针,然后通过该指针变量访问该函数。

用函数名调用函数称为直接调用,用指向函数的指针变量调用函数称为间接调用。例如:
```
        int (*Copy)(const char *, const char*);
```
该语句定义了一个函数名为 copy 的函数指针,用于拷贝字符串。Copy 指针可以指向 C 语言标准的字符串函数库中的函数 strcpy:
```
        Copy = &strcpy;        /* Copy 指向 strcpy 函数 */
```
&运算符可以省略:
```
        Copy = strcpy;         / *Copy 指向 strcpy 函数 */
```
函数指针也能在定义时初始化:
```
        int (*Copy)(const char*, const char*) = strcpy;
```
下面的 3 个调用是等价的:
```
        strcpy(des,str);          /* 直接调用*/
        (*Copy)( des,str);        /* 间接调用*/
        Copy(des,str);            /* 间接调用*/
```
【例 8-5】演示函数指针。

```
#include <stdio.h>
#include <math.h>
int sum(int n)
{
    int i,s=0;
    for(i=1; i<=n; i++)
        s = s + i;
    return s;
}
void main()
{
    double (*s)(double)=&sin;
    double PI=3.1415926;
    int (*f)(int);
    int n=100;

    printf("sin(PI/2)=%f\n",s(PI/2));

    f=sum;

    printf("1+2+3+...+100=%d\n",f(n));

}
```

程序的运行结果如图 8-16 所示。

```
sin(PI/2)=1.00000
1+2+3+...+100=5050
```

图 8-16 例 8-5 的运行结果

上面的程序中指针 s 指向 C 语言标准库函数 sin，指针 f 指向自定义的函数 sum。

上面的例子没有什么意义，通过函数指针的访问方式其实反而麻烦了一些。再看下面的示例。

【例 8-6】演示函数指针。
```
#include <stdio.h>
#include <math.h>

int f1(int a,int b)
{
    return a+b;
}
int f2(int a,int b)
{
    return a-b;
}
int f3(int a,int b)
{
    return a*b;
}
```

```c
int f4(int a,int b)
{
   if(b!=0)
        return a/b;
   else
   {
        printf("error\n");
        return 0;
   }
}

int f5(int a,int b)
{
   if(b!=0)
        return a%b;
   else
   {
        printf("error\n");
        return 0;
   }
}

int f6(int n)
{
   int i,s=0;
   for(i=1 ; i<=n ; i++)
        s = s + i;
   return s;
}

int f7(int n)
{
   int i,s=1;
   for(i=1 ; i<=n ; i++)
        s = s * i;
   return s;
}

int f8(int a,int b,int c)
{
   return a+b+c;
}

void main()
{
   int (*f)();
```

```
    int a,b,c;

    a=53;
    b=44;
    c=35;

    f=f1; printf("a+b=%d\n",f(a,b));

    f=f2; printf("a-b=%d\n",f(a,b));

    f=f3; printf("a*b=%d\n",f(a,b));

    f=f4; printf("a/b=%d\n",f(a,b));

    f=f5; printf("a%%b=%d\n",f(a,b));

    f=f6; printf("1+2+3+...+100=%d\n",f(100));

    f=f7; printf("1*2*3*...*8=%d\n",f(8));

    f=f8; printf("a+b+c=%d\n",f(a,b,c));

}
```
程序的运行结果如图 8-17 所示。

```
a+b=97
a-b=9
a*b=2332
a/b=1
a%b=9
1+2+3+...+100=5050
1*2*3*...*8=40320
a+b+c=132
```

图 8-17 例 8-6 的运行结果

程序中的函数指针 f 可以随时指向不同的函数，充分体现了函数指针的灵活性。函数指针变量 f 在间接访问或者调用所指向函数时，参数形式也在发生变化，具体的形式需要参考所指向的函数的参数说明。

8.5.3 返回指针的函数

函数的返回值可以是一个指针。需要返回指针的函数，其类型必须也是指针类型。例如：
```
char * copy(char * s,char * t)
{
  …
  return s;
}
```
函数名 copy 的类型是 char*，其返回值 s 的类型也是 char*，二者需要类型一致。

注意 copy 是函数名,是一个指针常量,如果定义成:

```
char (*copy)(…);
```

则加上括号的 copy 是指针变量,二者完全不同。

定义成指针变量的形式没有函数体部分,变量是简单的实体,不能再包括其他代码。

【例 8-7】设计一个类似于 strcpy 的函数。

```
#include <stdio.h>
char* copy(char* s,char* t)
{
   char *p=s,*q=t;
   while(*p != '\0') p++;           /*将 p 指向 s 的结束符*/
   while(*q != '\0') p++ = q++;     /*将 q 指向的字符逐个存在 p 指向的位置*/

   *p ='\0';
   return s;
}

void main()
{
   char s[100]="Hello ";
   char t[]="World!";

   printf("%s\n",copy(s,t));
}
```

程序的运行结果如图 8-18 所示。

Hello World!

图 8-18 例 8-7 的运行结果

8.6 程序示例

【例 8-8】编写一个查找字符位置的函数。

```
#include <stdio.h>

int atc(char *string,char c)
{
   int pos=0;
   while(*string != c && *string != NULL)
   {
        pos++;
        string++;
   }
   if(*string == NULL)
        return 0;
   else
```

```
        return pos+1;
}

void main()
{
 char str[]="Hello World!";
 int pos;
 pos = atc(str,'o');
 if(pos != 0)
    printf("o's position is:%d\n",pos);
 else
    printf("not found the char o\n");

 pos = atc(str,'k');

 pos!=0 ? printf("k's position is:%d\n",pos) : printf("not found the char k\n");

}
```
程序的运行结果如图 8-19 所示。

```
o's position is:5
not found the char k
```

图 8-19 例 8-8 的运行结果

字符 k 的处理采用了三元条件运算符?:和 printf 结合的方式。

【例 8-9】用指针方法统计字符串"I love music more than games "中单词的个数。规定单词由字母组成，单词之间由空格分隔，字符串开始和结尾没有空格。程序如下：

```
#include <stdio.h>
void main()
{
 char string[]="I love music more than games";
 char *p=string;
 int n=0;

 while(*p != NULL)
 {
    if(*p == ' ')
    {
        n++;
        ++p;
        while(*p++ ==' ');    /*指针继续移动，忽略后面连续的空格*/
    }
    else
      p++;
 }
```

```
            n=n+1;              /*单词个数等于间隔数加1*/
        printf("n=%d\n",n);
    }
```

程序的运行结果如图 8-20 所示。

n=6

图 8-20 例 8-9 的运行结果

【例 8-10】编写一个函数用来查找一个字符串在另外一个字符串中的位置，注意有可能出现多次，要求能够查找指定次数出现的位置。

```c
#include <stdio.h>

int at(char *,char *);
int atn(char *,char *,int);
void main()
{
    int pos;

    char source[101],subs[21];

    printf("Input a string:");
    gets(source);

    printf("Input a substring:");
    gets(subs);

    pos = at(subs,source);

    if(pos)
        printf("Found,The first posistion is :%d\n" ,pos + 1);
    else
        printf("Not found\n");

    pos = atn(subs,source,2);

    if(pos)
        printf("Found,The second position is :%d\n" ,pos + 1);
    else
        printf("Not found\n");
}

int at(char *subs,char *source)
{
    char *p1,*p2;
    p1 = source;
    p2 = subs;

    while(*p1 != '\0' && *p2 != '\0')
    {
```

```c
            if(*p1 == *p2)
            {
                p2++;
                if(*p2 == '\0')
                    return (int)(p1-source-(p2-subs)+1);
            }
            else
                p2=subs;
            p1++;
        }

        return 0;
    }

    int atn(char *subs,char *source,int times)
    {
        char *p1,*p2;
        p1 = source;
        p2 = subs;

        while(*p1 != '\0' && *p2 != '\0')
        {
            if(*p1 == *p2)
            {
                p2++;
                if(*p2 == '\0')
                {
                    if(times == 1)
                        return (int)(p1-source - (p2-subs)+1);
                    else
                    {
                        p2=subs;
                        times --;
                    }
                }
            }
            else
                p2=subs;
            p1++;
        }
        return 0;
    }
```

程序的运行结果如图 8-21 所示。

```
Input a string:12345678901234567890123456789012345
Input a substring:78
Found,The first position is :7
Found,The second position is :17
```

图 8-21 例 8-10 的运行结果

程序中定位函数 at 用于查找第 1 次出现的位置，atn 函数用于查到第 n 次出现的位置，指定第几次查找的函数在查找到目标串后需要考虑次数问题。atn 函数可以替代 at 函数，替代的形式为：

  atn(subs,source,1);

查找算法的关键在于如何认定查找到的状态，确认找到了目标串时，正好是指针 p2 指向目标串的结束符，这一点非常重要，在这个状态下，指针 p1 指向找到位置的串的最后一个字符，所以在计算串的位置时需要减去串的长度，考虑到计数是从 1 开始，所以返回的位置表达式为：

  (int)(p1-source - (p2-subs)+1)

【例 8-11】编写一个函数用来清理一个字符串中的空格，将多个连续的空格合并为一个空格，例如下面的字符串：

  I like this   games.

清理后变成：

  I like this games.

程序如下：

```c
#include <stdio.h>
#include <string.h>

char *DeleteOtherSpace(char *);

void main()
{
    char s[100];
    printf("Input a string:");
    gets(s);

    printf("%s\n",DeleteOtherSpace(s));
}

char *DeleteOtherSpace(char *s)
{
    char *p,*q;
    int IfFirstSpace = 1;
    p=q=s;
    while(*p != '\0')
    {
        if(*p != ' ')
        {
            *q++ = *p++;
            IfFirstSpace = 1; /*遇到非空格字符将 IfFirstSpace 置为 1*/
        }
        else
            if(IfFirstSpace) /*遇到第一个空格字符*/
            {
```

```
                    *q++=*p++;
                    IfFirstSpace = 0;  /* 将 IfFirstSpace 置为 0*/
                }
                else
                    p++;  /*遇到第 2 个以上的空格字符,只是简单地移动 p 指针即可*/
        }
        *q = '\0';
        return s;
    }
```

程序的运行结果如图 8-22 所示。

图 8-22 例 8-11 的运行结果

程序中设置了判断是否是第一个空格的标志 IfFirstSpace,该标志在遇到一个非空格字符时重新设置为 1。

本章介绍了指针的概念以及指针变量的定义和初始化等。C 语言的指针变量形式有:
（1）一级指针变量: int *p, p 可指向变量、数组元素。
（2）二级指针变量: int **pp, pp 可指向一级指针变量。
（3）指向一维数组的指针变量: int (*p)[n], 可用于二维数组的行指针变量。
（4）指针数组: int *p[n], 元素是一级指针变量。
（5）指向函数的指针变量: int (*p)(), p 可指向一个函数。
（6）返回指针的函数: int *f(){...}, f 函数返回一个一级指针。

指针的运算包括变量的取地址运算 "&" 和指针的指向运算 "*"。"&" 和 "*" 是一对互逆的运算符。除此以外,指针变量还可以进行受限制的算术运算、赋值运算和关系运算。

指针可以指向常变量、数组、函数。特别是指针作为函数的参数时,函数的参数传递方式变成地址传递,相对于值传递和引用传递有质的不同。

指针具有很大的灵活性和风险性,同时也是 C 语言功能强大的基础条件之一,希望读者认真学习。

一、选择题

1. 若有以下说明和语句,且 0<i<10,则（　　）是对数组元素的错误引用。
   int a[ ]={1,2,3,4,5,6,7,8,9,0},*p,i;
   p=a;
   A. *(a+i)   B. a[p-a]   C. p+i   D. *(&a[i])

2. 下面程序的输出是（　　）。
```
#include <stdio.h>
void main()
{
    int a[10]={1,2,3,4,5,6,7,8,9,10},*p=a;
    printf("%d\n",*(p+3));
}
```
   A. 3　　　　　B. 4　　　　　C. 1　　　　　D. 2

3. 若有以下语句，且 0≤n<6，则正确表示数组元素地址的语句是（　　）。
```
int a[]={1,2,3,4,5};
int *p=a ,n=2;
```
   A. &p　　　　B. *p[n]　　　C. &(a+n)　　D. ++a

4. 设有以下函数定义，则该函数返回的值是（　　）。
```
int * f(int a)
{
    int *p,n;
    n=a;
    p=&n;
    return p;
}
```
   A. 一个不可用的存储单元地址值　　B. 一个可用的存储单元地址值
   C. n 中的值　　　　　　　　　　　D. 形参 a 中的值

5. 对于类型相同的指针变量，不能进行（　　）运算。
   A. +　　　　　B. -　　　　　C. =　　　　　D. ==

6. 指针 p 所指的字符串的长度为（　　）。
```
char *p="Hello\tWorld!";
```
   A. 12　　　　B. 13　　　　C. 14　　　　D. 15

7. 设 p1 和 p2 均为指向同一个 int 型一维数组的指针变量，k 为 int 型变量，下列不正确的语句是（　　）。
   A. k=*p1+*p2;　　　　　　　B. k=*p1*(*p2);
   C. p2=k;　　　　　　　　　　D. p1=p2;

8. 说明语句"int (*p)();"的含义是（　　）。
   A. p 是一个指向一维数组的指针变量
   B. p 是指针变量，指向一个整型变量
   C. 一个指向函数的指针，该函数的返回值是一个整数
   D. 以上都不对

9. 若 x 是整型变量，p 是基类型为整型的指针变量，则正确的赋值表达式是（　　）。
   A. p = &x　　B. p = x　　　C. *p = &x　　D. *p = *x

10. 若有以下定义，则值为 3 的表达式是（　　）。
```
int a[ ]={1, 2, 3, 4, 5, 6, 7, 8, 9, 10}, *p=a;
```
   A. p+=2,*(p++)　　　　　　　B. p+=2,* ++p

C．p+=3,*p++　　　　　　　　　　D．p+=2,++*p

二、填空题

1. 设 int a[10],*p=a;，则对 a[9]的正确引用有_____。
2. 设有以下语句：
    int a[3][2]={1, 2, 3, 4, 5, 6};
    int (*p)[2];
    p=a;
则(*(p+1)+1)的值是_____，*(p+2)是元素_____的地址。
3. 若有以下定义，利用指针 p 引用值为 9 的数组元素的表达式是_____。
    int a[10] = {1,2,3,4,5,6,7,8,9,10},*p = a;
4. 下面的程序是求两个整数之和，并通过形参传回结果。
    int add(int a,int b, _____z)
    {_____ = a + b; }
5. 以下程序运行的结果是_____。
    ```
    #include <stdio.h>
    void main()
      {
        int a[ ]={1,2,3,4,5};
        int x, y, *p;
        p=&a[0];
        x=*(p+2);
        y=*(p+4);
        printf("%d\t%d\t%d\n",*p,x,y);
      }
    ```

三、程序设计题

1. 写一个函数，求一个字符串的长度。
2. 输入一个字符串，将其逆序输出。
3. 输入 10 个整数，输出其中最大数和最小数。
4. 输入一行字符，将其中的每个字符从小到大排列后输出。
5. 从字符串中删除子字符串。从键盘输入一字符串，然后输入要删除的子字符串，最后输出删除子串后的新字符串。

第 9 章 结构体、共用体与枚举

- 了解结构体、共用体和枚举类型的特点
- 熟练掌握结构体类型、变量、数组、指针变量的定义、初始化和成员的引用方法
- 掌握共用体和枚举类型、变量的定义和引用
- 掌握用户自定义类型的定义和使用
- 了解链表的基本特点

9.1 结构体

【问题】如何表示下面的数据？

王云平、18 岁、男、学号 2010010001、汉族、北京、手机号 13901000001

可以定义以下变量来分别表示上面的数据：

```
char name[10];
int age;
char sex[3];
char xh[11];
char nation[20];
char address[20];
char mobile[20];
```

如果还有下面的数据，如何表示？

张　丽、18 岁、男、学号 2010010002、汉族、广州、手机号 13901000002
顾雨萍、18 岁、女、学号 2010010003、汉族、上海、手机号 13901000003
……

由于必须类型相同才能构造成数组，显然以前学习的数据类型都不能很好地解决问题，而本章介绍的结构体类型（struct）则把这些不同类型的数据组合起来构造成一种新的数据类型，用起来更加方便。

9.1.1 结构体类型的定义

结构体类型的定义形式为：

```
struct  类型名
{
    成员说明表列
};
```

例如前面【问题】中提到的数据可以表示如下：
```
struct  student          /* 结构体类型名 */
{
   char name[10];        /*结构体成员，以下都是*/
   int age;
   char sex[3];
   char xh[11];
   char nation[20];
   char address[20];
   char tel[20];
};
```
　　struct 是结构体关键字，结构体类型定义中的每个成员项都有确定的类型和名称，称为结构体类型的"域"，每个域的定义后面要有";"号。

　　结构体类型由用户定义，所以结构体类型不是固定结构的类型，用户可以定义不同结构的结构体类型，也可以定义相同结构的结构体类型，系统均认为是不同的结构体类型，例如下面是两个不同的结构体类型，虽然 aa 和 bb 的结构是一样的：
```
struct aa{int a;int b;char c;}
struct bb{int a;int b;char c;}
```
　　定义了结构体类型，就可以定义结构体变量、结构体数组了。

9.1.2　结构体变量的定义和初始化

定义结构体变量的方法可以如下：

（1）用已定义的结构体类型名定义变量。例如：
```
struct student wang,zhang;   /* 定义了两个结构体变量 wang 和 zhang */
```
（2）在定义结构体类型的同时定义结构体变量。例如：
```
struct  student          /* 结构体类型名 */
{
   char name[10];        /*结构体成员，以下都是*/
   int age;
   char sex[3];
   char xh[11];
   char nation[20];
   char address[20];
   char tel[20];
}wang,zhang;
```
（3）不定义结构体类型名，直接定义结构体变量。例如：
```
struct
{
   char name[10];        /*结构体成员，以下都是*/
   int age;
   char sex[3];
   char xh[11];
   char nation[20];
   char address[20];
```

```
        char tel[20];
    }wang,zhang;
```
这种定义形式由于没有给结构体类型命名，只能一次性定义若干结构体变量。

结构体类型的长度可以用 sizeof 运算符计算出来，形式为：

```
    sizeof(结构体类型名)
```

或者

```
    sizeof(变量名)
```

如 sizeof(struct student) 或 sizeof(wang)，在 TC 和 VC 下，结果分别是：86 和 88。

结构体的成员也可以是一个结构体类型，这种形式称为结构体类型的嵌套。例如：

```
    struct date
    {
        int year;
        int month;
        int day;
    };
    struct student
    {
        char name[10];
        int age;
        char sex[3];
        char xh[11];
        struct date birthday;
        char nation[20];
        char address[20];
        char tel[20];
    }wang,zhang;
```

以上形式也可以写成：

```
    struct student
    {
        char name[10];
        int age;
        char sex[2];
        char xh[11];
        struct
        {
            int year;
            int month;
            int day;
        }birthday;
        char nation[20];
        char address[20];
        char tel[20];
    }wang,zhang;
```

关于生日的结构体直接写在结构体 student 的成员说明项表列中，注意 birthday 是成员名称，放在结构体的后面。

和普通变量一样，结构体变量定义的时候也可以初始化。例如：
```
struct  student  wang={"王云平",18,"男","2010010001","汉族","北京","13901000001"},zhang={"张丽",18,"男","2010010002","汉族","广州","13901000002"};
```
注意初始化的数据及其类型要与各个成员一一对应，对于包含嵌套结构体类型的变量，其嵌套部分的初始化也按顺序赋初值，例如：
```
struct  student  wang={"王云平",18,"男","2010010001",2010,3,3,"汉族","北京","13901000001"};
```

9.1.3 结构体变量的引用

数组元素的引用采用数组名和下标结合的引用方法，例如 a[2]、b[5]等。结构体变量其成员的引用则采用成员运算符 "." 来完成，格式为：

  结构体变量名.成员名

或

  结构体变量名.结构体成员名.….结构体成员名.基本成员名

后者是指包含嵌套的结构体类型。

例如前面定义的变量 wang，其成员引用如下：

  wang.age
  wang.birthday.year

注意：

（1）结构体的成员引用的形式比普通的变量（或数组）复杂一些，但本质上相当于一个普通变量（或数组），可参与该成员所属数据类型的一切运算。例如，设有普通变量 int iage，比较下面的引用形式：
```
wang.age = 20;
iage = 20;
printf("age=%d\n",wang.age);
printf("age=%d\n",iage + wang.age);
…
```
（2）成员运算符 "." 的优先级最高，在表达式中的结构体变量成员不需要加括号。例如：
```
wang.age++;
```
相当于
```
(wang.age)++;
```
（3）结构体变量的成员名可以相同，但必须处在不同的层次。例如：
```
sturct student
{
  int no;
  char name[20];
  struct
  {
   int no;
   char classname[20];
  }class;
```

```
            struct
            {
             int no;
             char groupname[20];
            }group;
           }wang;
```

上面的结构体存在几个相同的成员 no，但层次不同，其引用形式能够区别开来，引用形式分别如下：

```
        wang.no
        wang.class.no
        wang.group.no
```

（4）同一类型的结构体变量可相互赋值。

我们知道，数组之间不能整体赋值，但同类型的两个结构体变量之间可以整体赋值，这样可以提高程序的效率。例如：

```
        zhang = wang;
        zhang.birthday = wang.birthday;
```

【例 9-1】演示结构体类型。

```c
        #include <stdio.h>
        #include <string.h>
        struct  date
        {
           int  year;
           int  month;
           int  day;
        };

        struct  student
        {
           char name[10];
           int age;
           char sex[3];
           char xh[11];
           struct date birthday;
           char nation[20];
           char address[20];
           char tel[20];
        };

        void main()
        {
           struct  student wang = {"Wang YunPing",18,"M","2010010001",2010,
        3,3,"Han","Bei Jing","13901000001"},zhang;
           zhang = wang;
           strcpy(zhang.name,"Zhang Li");
           strcpy(zhang.xh,"2010010002");
```

```
        zhang.birthday.year=2011;
        zhang.birthday.month=4;
        zhang.birthday.day=4;

        strcpy(zhang.address,"Guang Zhou");
        strcpy(zhang.tel,"13901000001");

        printf("%s,%d,%s,%s,",zhang.name,zhang.age,zhang.sex, zhang.xh);
        printf("%d,%d,%d,",zhang.birthday.year,zhang.birthday.month,zhang.
        birthday.day);
        printf("%s,%s,%s\n",zhang.nation,zhang.address,zhang.tel);
    }
```
程序运行的结果如图 9-1 所示。

Zhang Li,18,M,2010010002,2011,4,4,Han,Guang Zhou,13901000002

图 9-1　例 9-1 的运行结果

9.1.4　结构体数组

结构体类型既可以定义单个的变量，也可以定义结构体数组，用以存储批量的数据，例如一个班级的学生信息。

1. 结构体数组的定义

和结构体变量定义一样，结构体数组的定义也有以下 3 种方法：

（1）先定义结构体类型，用结构体类型名定义结构体数组，例如：

```
    struct  student
    {
       char name[10];
       int age;
       char sex[3];
       char xh[11];
       char nation[20];
       char address[20];
       char tel[20];
    };
    struct  student  stud[50];
```

（2）定义结构体类型名的同时定义结构体数组，例如：

```
    struct  student
    {
       char name[10];
       int age;
       char sex[3];
       char xh[11];
       char nation[20];
       char address[20];
```

```
        char tel[20];
    } stud[50];
```
（3）不定义结构体类型名，直接定义结构体数组，例如：
```
struct
{
    char name[10];
    int age;
    char sex[3];
    char xh[11];
    char nation[20];
    char address[20];
    char tel[20];
} stud[50];
```
2. 结构体数组的初始化

和普通数组的元素是普通变量一样，结构体数组的每一个元素相当于一个结构体变量，二者的初始化也很类似，例如：
```
struct student stud[2]={
    {"王云平",18,"男","2010010001","汉族","北京","13901000001"},
    {"张丽",18,"男","2010010003","汉族","广州","13901000003"}};
```
3. 结构体数组的引用

结构体数组元素的成员表示为：

结构体数组名[下标].成员名

或

结构体数组名[下标].结构体成员名.…….结构体成员名.成员名

例如：
```
stud[i].age              /* 下标为 i 的数组元素的成员 age */
stud[5].birthday.year    /* 下标为 5 的数组元素结构体成员 birthday 的成员 year*/
```
结构体数组元素和类型相同的结构体变量一样，可相互赋值。例如：
```
stud[1] = stud[0];
```
对于结构体数组元素内嵌的结构体类型成员，情况也相同。例如：
```
student[2].birthday=student[1].birthday;
```
【例 9-2】演示结构体数组的定义和应用。
```
#include <stdio.h>
#include <string.h>
struct date
{
    int year;
    int month;
    int day;
};

struct student
{
    char name[20];
    int age;
```

```c
    char sex[3];
    char xh[11];
    struct date birthday;
    char nation[20];
    char address[20];
    char tel[20];
};

void main()
{
    struct  student stud[3]={
    {"Wang YunPing",18,"M","2010010001",2010,3,3,
        "Han","Bei Jing","13901000001"},
    {"Zhang Li",18,"M","2010010002",2011,4,4,"Han",
        "Guang Zhou","13901000002"},
    {"Gu YuPing",18,"F","2010010003",2012,5,5,"Han",
        "Shang Hai","13901000003"}};
    int i;

    for(i=0;i<3;i++)
    {
    printf("%s,%d,%s,%s,",stud[i].name,stud[i].age,stud[i].sex,stud[i].xh);
    printf("%d,%d,%d,",stud[i].birthday.year,stud[i].birthday.month,
        stud[i].birthday.day);
    printf("%s,%s,%s\n",stud[i].nation,stud[i].address,stud[i].tel);
    }
}
```

程序的运行结果如图 9-2 所示。

```
Wang YunPing,18,M,2010010001,2010,3,3,Han,Bei Jing,13901000001
Zhang Li,18,M,2010010002,2011,4,4,Han,Guang Zhou,13901000002
Gu YuPing,18,F,2010010003,2012,5,5,Han,Shang Hai,13901000003
```

图 9-2 例 9-2 的运行结果

如果想通过键盘输入数据，将程序修改如下：

```c
#include <stdio.h>
#include <string.h>
struct  date
{
    int  year;
    int  month;
    int  day;
};

struct  student
{
    char name[20];
    int age;
    char sex[3];
```

```c
        char xh[11];
        struct date birthday;
        char nation[20];
        char address[20];
        char tel[20];
};

void main()
{
    struct  student stud[3];
    int i;

    for(i=0;i<3;i++)
    {
        printf("Input No:%d\n",i+1);
        printf("Name:");gets(stud[i].name);
        printf("Age:");scanf("%d",&stud[i].age);
        getchar();
        printf("Sex:");gets(stud[i].sex);
        printf("XH:");gets(stud[i].xh);
        printf("Birthdat(YY,MM,DD):");
        scanf("%d,%d,%d",&stud[i].birthday.year,&stud[i].birthday.
        month,&stud[i].birthday.day);
        getchar();
        printf("Nation:");gets(stud[i].nation);
        printf("Address:");gets(stud[i].address);
        printf("Tel:");gets(stud[i].tel);
    }
    for(i=0;i<3;i++)
    {
        printf("%s,%d,%s,%s,",stud[i].name,stud[i].age,stud[i].sex,
        stud[i].xh);
        printf("%d,%d,%d,",stud[i].birthday.year,stud[i].birthday.
        month,stud[i].birthday.day);
        printf("%s,%s,%s\n",stud[i].nation,stud[i].address,stud[i].tel);
    }
}
```

说明：

（1）程序中利用 gets 输入字符串，而不用 scanf("%s", stud[i].name)的形式，是因为后者不能输入包含空格的字符串。

（2）由于利用 scanf("%d",&stud[i].age);输入数据后需要输入回车确认，而回车字符在键盘缓冲中仍然存在，没有相应的变量接收，将作为下一个字符串的输入，导致输入匹配错误，具体如图 9-3 所示的情况，Sex 项被跳过去了。

```
Input No:1
Name:Wang YunPing
Age:18
Sex:XH:
```

图 9-3　输入匹配出错示意图

加上 getchar()函数可以吸收该回车字符。

完整程序的运行结果如图 9-4 所示，在输入数据的时候需要细心和耐心，程序中加入了较多的输入提示，目的在于防止输入匹配错误。

```
Input No:1
Name:Wang YunPing
Age:18
Sex:M
XH:2010010001
Birthdat(YY,MM,DD):2010,3,3
Nation:Han
Address:Bei Jing
Tel:13901000001
Input No:2
Name:Zhang Li
Age:18
Sex:M
XH:2010010002
Birthdat(YY,MM,DD):2011,4,4
Nation:Han
Address:Guang Zhou
Tel:13901000002
Input No:3
Name:Gu YuPing
Age:18
Sex:F
XH:2010010003
Birthdat(YY,MM,DD):2012,5,5
Nation:Han
Address:Shang Hai
Tel:13901000003
Wang YunPing,18,M,2010010001,2010,3,3,Han,Bei Jing,13901000001
Zhang Li,18,M,2010010002,2011,4,4,Han,Guang Zhou,13901000002
Gu YuPing,18,F,2010010003,2012,5,5,Han,Shang Hai,13901000003
```

图 9-4　例 9-2 修改后的运行结果

9.1.5　结构体指针

可以定义结构体类型的指针变量来访问结构体变量或结构体数组。例如：

```
struct  student
{
    char name[20];
    int age;
    char sex[3];
    char xh[11];
    struct date birthday;
    char nation[20];
    char address[20];
    char tel[20];
```

```
}wang,*p=&wang;
```
p 是指向结构体变量 wang 的指针变量，准确地说是指向该变量对应的结构体数据区域的首地址。

利用结构体指针变量同样可以访问其成员，访问的形式如下：

```
(*p).age
```
或
```
p->age
```
因为*p 其实相当于 wang，所以(*p).age 相当于 wang.age。

"->"是一个运算符，和"."优先级相同，具有最高的优先级，用于成员的引用。

【例 9-3】修改例 9-2，利用结构体指针变量访问数据。

```c
#include <stdio.h>
#include <string.h>
struct date
{
   int  year;
   int  month;
   int  day;
};

struct student
{
   char name[20];
   int age;
   char sex[3];
   char xh[11];
   struct date birthday;
   char nation[20];
   char address[20];
   char tel[20];
};

void main()
{
   struct student wang ={"Wang YunPing",18,"M","2010010001",2010,3,3,"Han","Bei Jing","13901000001"};
   struct student stud[3]={
   {"Wang YunPing",18,"M","2010010001",2010,3,3,"Han","Bei Jing","13901000001"},
   {"Zhang Li",18,"M","2010010002",2011,4,4,"Han","Guang Zhou","13901000002"},
   {"Gu YuPing",18,"F","2010010003",2012,5,5,"Han","Shang Hai","13901000003"}};
   struct  student *p;
   int i;

   p=&wang;

   printf("%s,%d,%s,%s,",p->name,p->age,p->sex,p->xh);
```

```
        printf("%d,%d,%d,",p->birthday.year,p->birthday.month,p->birthday.day);
        printf("%s,%s,%s\n",p->nation,p->address,p->tel);

        p=&stud[0];
        for(i=0;i<3;i++)
        {
            printf("%s,%d,%s,%s,",p->name,p->age,p->sex,p->xh);
            printf("%d,%d,%d,",p->birthday.year,p->birthday.month,
                p->birthday.day);
            printf("%s,%s,%s\n",p->nation,p->address,p->tel);
            p++;
        }
    }
```

程序的运行结果如图 9-5 所示。

```
Wang YunPing,18,M,2010010001,2010,3,3,Han,Bei Jing,13901000001
Wang YunPing,18,M,2010010001,2010,3,3,Han,Bei Jing,13901000001
Zhang Li,18,M,2010010002,2011,4,4,Han,Guang Zhou,13901000002
Gu YuPing,18,F,2010010003,2012,5,5,Han,Shang Hai,13901000003
```

图 9-5　例 9-3 的运行结果

第 1 行的输出是 p 指向结构体变量 wang 后输出的。这样的访问方式和结构体变量访问方式差不多。

第 2 行至第 4 行是 p 指向结构体数组后输出的。当 p 指向&stud[0]，即第一个结构体数组元素时，输出第一个元素的所有成员；p++表示结构体类型指针变量移动一个结构体类型单位，指向下一个结构体数组元素 stud[1]。所以 p 的移动体现了指针的效率和方便之处。

9.1.6　结构体与函数

结构体类型和函数的关系表现在：

（1）结构体变量成员作为函数的参数。
（2）结构体变量作为函数的参数。
（3）结构体指针作为函数的参数。

下面通过实例演示结构体和函数的关系。

【例 9-4】打印学号为 20050102 学生的年龄。

```
#include <stdio.h>
#include <string.h>
struct date
{
    int year;
    int month;
    int day;
};

struct student
{
```

```c
    char name[20];
    int age;
    char sex[3];
    char xh[11];
    struct date birthday;
    char nation[20];
    char address[20];
    char tel[20];
};

void showage(int age)
{
    printf("Age:%d\n", age);
}

/*结构体变量作为形参*/
void show1(struct student s)
{
    printf("%s,%d,%s,%s,",s.name,s.age,s.sex,s.xh);
    printf("%d,%d,%d,",s.birthday.year,s.birthday.month,s.birthday.day);
    printf("%s,%s,%s\n",s.nation,s.address,s.tel);
}
/*结构体指针作为形参*/
void show2(struct student *p)
{
    printf("%s,%d,%s,%s,",p->name,p->age,p->sex,p->xh);
    printf("%d,%d,%d,",p->birthday.year,p->birthday.month,p->birthday.day);
    printf("%s,%s,%s\n",p->nation,p->address,p->tel);
}
/*结构体数组作为形参*/
void show3(struct student s[],int n)
{
    int i;
    for(i=0;i<n;i++)
    {
        printf("%s,%d,%s,%s,",s[i].name,s[i].age,s[i].sex,s[i].xh);
        printf("%d,%d,%d,",s[i].birthday.year,s[i].birthday.month,
        s[i].birthday.day);
        printf("%s,%s,%s\n",s[i].nation,s[i].address,s[i].tel);
    }
}

void main()
{
```

```c
    struct student wang =
    {"Wang YunPing",18,"M","2010010001",2010,3,3,"Han","Bei Jing",
        "13901000001"};
    struct student zhang=
    {"Zhang Li",18,"M","2010010002",2011,4,4,"Han","Guang Zhou","13901000002"};

    struct  student stud[3]={
    {"Wang YunPing",18,"M","2010010001",2010,3,3,"Han","Bei Jing","13901000001"},
    {"Zhang Li",18,"M","2010010002",2011,4,4,"Han","Guang Zhou","13901000002"},
    {"Gu YuPing",18,"F","2010010003",2012,5,5,"Han","Shang Hai","13901000003"}};
    struct  student *p;
    struct  student t;

    printf("Demo showage:\n");
    showage(wang.age); /*结构体成员作为实参*/

    printf("Demo show1:\n");
    show1(wang);/*结构体变量作为实参*/

    p=&wang;

    printf("Demo show2:\n");
    show2(p); /*结构体指针作为实参,也可以写成 show2(&wang) */

    printf("Demo show3:\n");
    show3(stud,3); /*结构体数组名作为实参*/

    /*结构体变量交换*/
    t=wang;
    wang=zhang;
    zhang=t;

    printf("Demo swap:\n");
    show1(zhang);
}
```

程序的运行结果如图 9-6 所示。

```
Demo showage:
Age:18
Demo show1:
Wang YunPing,18,M,2010010001,2010,3,3,Han,Bei Jing,13901000001
Demo show2:
Wang YunPing,18,M,2010010001,2010,3,3,Han,Bei Jing,13901000001
Demo show3:
Wang YunPing,18,M,2010010001,2010,3,3,Han,Bei Jing,13901000001
Zhang Li,18,M,2010010002,2011,4,4,Han,Guang Zhou,13901000002
Gu YuPing,18,F,2010010003,2012,5,5,Han,Shang Hai,13901000003
Demo swap:
Wang YunPing,18,M,2010010001,2010,3,3,Han,Bei Jing,13901000001
```

图 9-6 例 9-4 的运行结果

注意：

（1）由于结构体 struct student 作为主函数之外其他函数的形式参数，所以结构体的定义需要放在函数之外，不能放在主函数 main 内。

（2）show1(wang)写成 show1(stud[0])效果一样，结构体数组元素也相当于一个结构体变量，例题中正好对应的成员数据也一样。

（3）结构体变量不同于数组体现在结构体变量名需要计算才能得到结构体数据域的地址，如&wang。而数组名直接代表所有数组元素的首地址，不过也可以计算得到某一个元素的地址，如&stud[2]。

必要的情况下，函数也可以返回结构体类型数据，包括结构体类型变量或结构体类型指针。

观察下面的例子。

【例9-5】演示函数返回结构体类型。

```c
#include <stdio.h>
#include <string.h>
struct date
{
    int year;
    int month;
    int day;
};

struct student
{
    char name[20];
    int age;
    char sex[3];
    char xh[11];
    struct date birthday;
    char nation[20];
    char address[20];
    char tel[20];
};

struct student seek1(struct student s[],int n,char name[])
{
    int i;
    for(i=0;i<n;i++)
        if(strcmp(s[i].name,name) == 0)
            break;
    return s[i];
}

struct student* seek2(struct student s[],int n,char name[])
```

```c
{
    int i;
    for(i=0;i<n;i++)
        if(strcmp(s[i].name,name) == 0)
            break;
    return &s[i];
}

struct student* seek3(struct student s[],int n,char name[])
{
    int i;
    struct student* p=s;
    for(i=0;i<n;i++)
        if(strcmp(p->name,name) == 0)
            break;
        else
            p++;
    return p;
}

void show1(struct student s)
{
    printf("%s,%d,%s,%s,",s.name,s.age,s.sex,s.xh);
    printf("%d,%d,%d,",s.birthday.year,s.birthday.month,s.birthday.day);
    printf("%s,%s,%s\n",s.nation,s.address,s.tel);
}

void show2(struct student *p)
{
    printf("%s,%d,%s,%s,",p->name,p->age,p->sex,p->xh);
    printf("%d,%d,%d,",p->birthday.year,p->birthday.month,p->birthday.day);
    printf("%s,%s,%s\n",p->nation,p->address,p->tel);
}

void main()
{
    struct  student stud[3]={
    {"Wang YunPing",18,"M","2010010001",2010,3,3,"Han","Bei Jing","13901000001"},
    {"Zhang Li",18,"M","2010010002",2011,4,4,"Han","Guang Zhou","13901000002"},
    {"Gu YuPing",18,"F","2010010003",2012,5,5,"Han","Shang Hai","13901000003"}};

    show1(seek1(stud,3,"Gu YuPing"));
    show2(seek2(stud,3,"Zhang Li"));
    show2(seek3(stud,3,"Wang YunPing"));
}
```

程序的运行结果如图 9-7 所示。

```
Gu YuPing,18,F,2010010003,2012,5,5,Han,Shang Hai,13901000003
Zhang Li,18,M,2010010002,2011,4,4,Han,Guang Zhou,13901000002
Wang YunPing,18,M,2010010001,2010,3,3,Han,Bei Jing,13901000001
```

图 9-7　例 9-5 的运行结果

结构体的应用领域很广，特别是结构体指针，有关这些问题可以学习"数据结构"课程，在此不作赘述。

9.2　共用体

为了节约内存或便于对数据进行处理，C 语言允许不同类型的数据共享在一段存储单元，这种共享存储单元的特殊数据类型叫做"共用体"类型，也可称之为"联合"类型。

共用体的定义和结构体相似，可以借鉴结构体部分，其中不同的地方在本节中将逐一指出。

9.2.1　共用体类型的定义

共用体类型的定义形式为：
```
union 类型名
{
    成员说明列表
};
```
例如：
```
union data
{
    char c;
    float f;
    double d;
};
```
定义了共用体类型 union data，它有 3 个成员，分别为 char、float 和 double 型。

9.2.2　共用体变量的说明和引用

与结构体变量的说明类似，也有 3 种方式：
（1）先定义共用体类型，再用共用体类型定义共用体变量。
```
union 类型名
{
    成员说明列表
};
```
（2）union　类型名　共用体变量名表;。
例如，用 union data 类型定义共用体变量。
```
union data x;
```
（3）定义共用体类型名的同时定义共用体变量。

```
union  类型名
{
    成员说明列表
}共用体变量名表;
```

例如:
```
union data
{
    char c;
    float f;
    double d;
}x;
```

（4）不定义类型名直接定义共用体变量。

```
union
{
    成员说明列表
}共用体变量名表;
```

注意：共用体变量和结构体变量不同的是，结构体变量所占内存的长度等于其所有成员长度之和，每个结构体成员分别占用各自的内存单元。共用体变量则不然。共用体变量所占的内存的长度等于最长的成员的长度。例如，前面定义的共用体类型 union data 或变量 x，表达式 sizeof(union data)和 sizeof(x)的值均为 8。

共用体变量的所有成员的首地址都相同，并且等于共用体变量的地址。上例中共用体变量 x 的存储单元如图 9-8 所示。

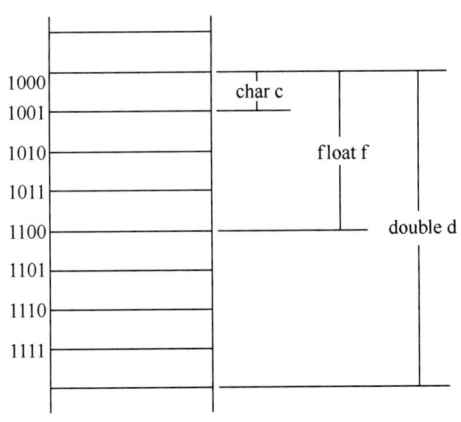

图 9-8 共用体变量存储单元示意图

引用共用体变量的形式以及注意事项均与引用结构体变量相似，例如：

    x.c /* 共用体字符型成员，相当于普通字符型变量 */

对共用体变量中的任何一个成员赋值，都会导致共享区域数据发生变化，所以共用体只能保证只有一个成员的值是有效的。例如，对于共用体变量 x，假设有：

    x.f = 3.14159;

必然使得地址 1000～1011 四个字节的内容发生变化，如图 9-9 所示。这种变化会导致：

（1）char c 的内容被修改成其他内容，相当于 char c 内容被清除，char c 原来的值失去意义。

（2）double d 的一半存储内容被修改，还有 4 个字节没有修改，但这已经导致 double d 原来的值失去意义。

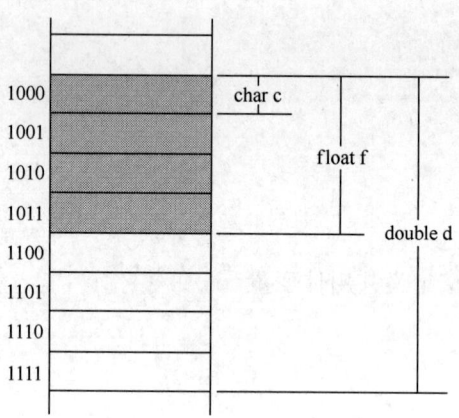

图 9-9　共用体变量成员赋值示意图

由此可以看出，整体引用共用体变量没有多大的意义，通常都是引用共用体变量的成员。共用体变量的成员共享一段内存空间，这种共享的意义在于空间上的节约，但不能保证所有成员数据的完整性。这种特殊的共享空间的方式可以被有效利用，如例 9-6 的程序。

【例 9-6】演示共用体类型的引用。

```
#include "stdio.h"
#include "string.h"

struct date
{
   int year;
   int month;
   int day;
};

union call
{
   char mobile[20];
   int telephone;
};

struct  student
{
   char name[20];
   int age;
   char sex[3];
   char xh[11];
   struct date birthday;
   char nation[20];
```

```c
    char address[20];
    union call callnumber;
};

void main()
{
    struct student wang =
    {"Wang YunPing",18,"M","2010010001",2010,3,3,"Han","Bei Jing"};

    struct student li =
    {"Li Zhen",20,"F","2010010001",2010,3,3,"Han","He Fei"};

    struct student *p;

    strcpy(wang.callnumber.mobile,"13901000001");
    li.callnumber.telephone = 56023328;

    p = &wang;

    printf("%s,%d,%s,%s,",p->name,p->age,p->sex,p->xh);
    printf("%d,%d,%d,",p->birthday.year,p->birthday.month,p->birthday.day);
    printf("%s,%s,%s\n",p->nation,p->address,p->callnumber.mobile);

    p = &li;

    printf("%s,%d,%s,%s,",p->name,p->age,p->sex,p->xh);
    printf("%d,%d,%d,",p->birthday.year,p->birthday.month,p->birthday.day);
    printf("%s,%s,%ld\n",p->nation,p->address,p->callnumber.telephone);
}
```
程序的运行结果如图 9-10 所示。

```
Wang YunPing,18,M,2010010001,2010,3,3,Han,Bei Jing,13901000001
Li Zhen,20,F,2010010001,2010,3,3,Han,He Fei,56023328
```

图 9-10 例 9-6 的运行结果

上面的程序中用共用体类型变量 union call callnumber 作为结构体变量的成员，从而解决了不同类型联系方式的共存。Wang 和 Li 两条记录在 callnumber 成员的输出方式上也是不完全相同的，所以也可以认为二者不是完全相同的记录，或者称为"变体记录"。

利用共用体可以对内存空间和数据进行拆分，下面的例子是很好的一种应用。

【例 9-7】运行下面的程序，分析运行结果。

```c
#include <stdio.h>
#include <string.h>

void main()
{
    union keycode
```

```
    {
      short int i;
      char c[2];
    }key;
    
    printf("size=%d\n",sizeof(key));
    
    key.i = 16961; /* 0x4241 */
    printf("key.c[0] = %d,key.c[1]=%d\n",key.c[0], key.c[1]);
    
    strcpy(key.c,"AB");
    
    printf("key.c[0] = %c,key.c[1]=%c\n",key.c[0], key.c[1]);
    printf("key.i = %d(0x%x)\n",key.i,key.i);
}
```

程序的运行结果如图 9-11 所示。

```
size=2
key.c[0] = A,key.c[1]=B
key.c[0] = A,key.c[1]=B
key.i = 16961(0x4241)
```

图 9-11 例 9-7 的运行结果

【分析】共用体变量 key 有两个成员：short int 型成员 i 和字符数组 c，它们都占用 2 字节，因此共用体变量 key 长度为 2 字节。

给 short int 型成员 i 赋值 16961，然后将该数据的两个字节用字符数组 c 分别输出，低位字节 key.c[0]为十六进制数 42，对应字符'B'；高位字节 key.c[1]为十六进制数 41，对应字符'A'。

给字符数组 key.c 赋值"AB"，得到的结果和前面一样。由于长度的限制，这里 strcpy 没能把字符串结束符存入 key.c，对于本题没有关系。

由此可以看出，key.i 被 key.c[0]、key.c[1]拆开成两部分，从而分别取得其高位或低位字节部分的内容。

9.3 枚举类型

假设有序列 Sunday、Monday、Tuesday、Wednesday、Thursday、Friday、Saturday，从星期的名称上不能体现他们的顺序，但如果将其与下面的序列对应就可以体现了：0、1、2、3、4、5、6。

这两种序列都有优点，前者表达的意义自然明确，容易接受；后者更能体现星期名称之间的顺序。

能否将二者结合起来，形成一种新的数据类型？

为此，C 语言提供用户定义枚举类型来解决这个问题。

9.3.1 枚举类型的定义

枚举类型定义的形式为：
enum 类型名{标识符序列}；

如：
enum week{Sunday,Monday,Tuesday,Wednesday,Thursday,Friday,Saturday};

enum 是定义枚举类型的关键字，枚举类型 week 包含 7 个标识符序列，分别等于 0、1、2、3、4、5、6，这些标识符常量是有序的。

注意：

（1）枚举值标识符是常量不是变量，这些常量是基本数据类型。

（2）枚举值只能是一些标识符，不能是基本类型常量。下面的定义是错误的：
enum week{0,1,2,3,4,5,6};

（3）可以在定义枚举类型时对枚举常量重新定义值，如：
enum week{Monday=1,Tuesday,Wednesday,Thursday,Friday,Saturday, Sunday};
这样对应的序列为：1、2、3、4、5、6、7。

下面的定义也是可以的：
enum color{black,blue,green,red=4,yellow=14,white};

此时 red 为 4，yellow 为 14，white 为 15。

9.3.2 枚举变量的定义和引用

1. 枚举变量的定义

形式可以为：

enum 类型名 变量名表；   /*用定义过的枚举类型来定义枚举变量*/
enum 类型名{标识符序列} 变量名表；   /*在定义类型的同时定义变量*/
enum {标识符序列} 变量名表；   /*省略类型名直接定义变量*/

例如：
enum color backcolor;
enum color {black,blue,green,red=4,yellow=14,white}backcolor;
enum {black,blue,green,red=4,yellow=14,white}backcolor;
enum week firstweek,nextweek;

2. 枚举变量的引用

- 正确的引用方式：

backcolor = red;
backcolor = 4;
backcolor ++;   /*假设原来是 red，现在将变成 yellow 了*/
if(backcolor == red) printf("The color is red!"); /*和枚举类型中说明的标识符进行比较*/
scanf("%d",& backcolor); /*输入一个整型数给 backcolor 变量，不过必须在枚举类型定义的范围之内，可以是 0、1、2、4、14、15，其他都是错误的。*/

- 错误的引用方式

backcolor = 3;   /*不在枚举类型定义的范围之内*/
backcolor = grey;   /*不在枚举类型定义的范围之内*/

由于枚举变量可以作为循环变量，因此可以利用循环和 switch 语句打印全部的枚举值字符串。

【例 9-8】输出全部的枚举值字符串。

```
#include <stdio.h>

enum eweek{Monday=1,Tuesday,Wednesday,Thursday,Friday,Saturday, Sunday};

void main()
{
    char weekname[7][20]={
    "Sunday","Monday","Tuesday","Wednesday","Thursday","Friday","Saturday"};
    enum eweek week;
    for(week = Monday ; week <= Sunday ; week++)
        printf("%d:%s\n",week,weekname[week%7]);
}
```

程序的运行结果如图 9-12 所示。

```
1:Monday
2:Tuesday
3:Wednesday
4:Thursday
5:Friday
6:Saturday
7:Sunday
```

图 9-12 例 9-8 的运行结果

程序中 week%7 的值依次为 1、2、3、4、5、6、0，正好对应字符数组 weekname 的第一维下标。

虽然枚举类型中的标识符名称和字符串中的星期名称一样，但程序不能直接输出标识符名称，只能引用标识符常量的值，例如上面程序中用%d 格式输出 week 变量得到的是"1、2、3、4、5、6、7"，而不是"Monday,Tuesday,Wednesday,Thursday,Friday,Saturday, Sunday"。

9.4 用户定义类型

C 语言不仅提供了丰富的数据类型，还允许用于自己定义类型说明符，相当于允许用户为数据类型取"别名"。所用的类型定义符是 typedef。

1. 名称替换

定义的形式为：

typedef 类型名　别名；

"类型名"必须是系统提供的数据类型或用户已定义的数据类型，"别名"是标识符。

例如：

```
typedef   int INTEGER;
typedef   struct student STUDENT;
typedef   struct{int year;int month;int day} DATE;
```

```
typedef  char*  CHAR;          /*char* 是字符指针类型*/
```
有了上面的替换，就可以定义相应类型的变量了：
```
INTEGER a,b;                   /*相当于 int a,b */
STUDENT wang,zhang;            /*相当于 struct student wang,zhang; */
DATE birthday;   /* 相当于 struct{int year;int month;int day} birthday;*/
CHAR string="Hello World!";    /*相当于 char * string="Hello World!" */
CHAR p=&s;                     /*相当于 char * p=&s */
```

2. 定义数组类型

定义的形式为：

  typedef 类型名 别名[数组长度];

例如：
```
typedef int  NUM[3];
typedef char STRING[20];
```
定义相应类型的变量：
```
NUM a,b;      /*相当于 int a[3],b[3] */
STRING s;     /*相当于 char s[20] */
```
就定义了该结构体类型的变量和指针变量。

注意：

（1）定义新类型名时一般用大写的标识符，以便区别于习惯的写法，并不是必须的。

（2）用 typedef 定义类型只是定义新的类型名而不是创建新的数据类型。

（3）注意定义新类型名与宏替换的区别。例如：
```
typedef  int  INTEGER;
#define  INTEGER  int
```
上述定义的作用都是用标识符 INTEGER 代替 int，但实质不同。typedef 是用标识符 INTEGER 代替类型 "int"，而#define 是用标识符 INTEGER 代替字符串 "int"；typedef 在编译时解释 INTEGER，而#define 是在编译之前将 INTEGER 替换成字符串 "int"；typedef 并不是做简单替换，例如：
```
typedef  int  NUM[3];
```
不是简单地将 NUM[3]替换成 int，因为 NUM a;相当于 int a[3];而不是 int a;。

（4）使用 typedef 有利于程序在不同的计算机系统间进行移植。例如：
```
typedef  int  INTEGER;
```
程序中全部用 INTEGER 定义变量，例如：
```
INTEGER a,b
```
显然 a,b 的类型取决于 "typedef int INTEGER;" 中的 "int"，如果将其改成：
```
typedef  long int  INTEGER;
```
则所有用 INTEGER 定义的变量的类型和长度都相应被改过来。对于不同字长的计算机，程序的修改就变得非常容易了。

9.5 程序举例

【例 9-9】编程求两个复数的和。

复数的形式：a+bi

其中，a 是实部，b 是虚部。建立描述复数的结构体类型：
```
struct complex
{
    double r;
    double i;
};
```
程序如下：
```
#include<stdio.h>

struct complex
{
    double r;
    double i;
};

struct complex add(struct complex x,struct complex y)
{
    struct complex z;
    z.r=x.r+y.r;
    z.i=x.i+y.i;
    return z;
}

void main()
{
    struct complex z,add(struct complex,struct complex);
    struct complex x={1.2,2.5},y={2.4,5.6};
    z=add(x,y);
    printf("x+y=%.2f+%.2fi\n",z.r,z.i);
}
```
运行该程序后，输出结果如图 9-13 所示。

x+y=3.60+8.10i

图 9-13 例 9-9 的运行结果

程序中主函数调用了一个 add 函数，add 函数的参数和返回值都是结构体变量。

【例 9-10】已知今天的日期，编程求出明天的日期。
```
#include<stdio.h>

struct date
{
    int year,month,day;
};

int judge(struct date *pd)
{
```

```c
    int l_year=0;
    if ((pd->year%4==0&&pd->year%100!=0)||pd->year%400==0)
        l_year=1;
    return l_year;
}

int day_no(struct date *pd)
{
    int day;
    int month[13]={0,31,28,31,30,31,30,31,31,30,31,30,31};
    if (judge(pd)&&(pd->month==2))
        day=29;
    else
        day=month[pd->month];
    return day;
}

void main()
{
    struct date today,tomorrow;
    int judge(struct date*),day_no(struct date *);
    printf("Enter today(yyyy,mm,dd): ");
    scanf("%d-%d-%d",&today.year,&today.month,&today.day);
    if (today.day!=day_no(&today))
    {
        tomorrow.day=today.day+1;
        tomorrow.month=today.month;
        tomorrow.year=today.year;
    }
    else if (today.month==12)
    {
        tomorrow.day=1;
        tomorrow.month=1;
        tomorrow.year=today.year+1;
    }
    else
    {
        tomorrow.day=1;
        tomorrow.month=today.month+1;
        tomorrow.year=today.year;
    }
    printf("Tomorrow's date is %d-%d-%d\n",
        tomorrow.year,tomorrow.month,tomorrow.day);
}
```

程序的运行结果如图9-14所示。

```
Enter today(yyyy,mm,dd): 2009-12-31
Tomorrow's date is 2010-1-1
```

图9-14 例9-10的运行结果

程序中 scanf 中的数据分隔符设置为"-",输入日期时需要加"-"分隔。函数 judge 用来判断是否是闰年,day_no 用于获得某月的天数。

本章学习了C语言的用户定义类型,包括结构体、共用体和枚举类型3种,其中结构体和共用体是构造类型,枚举类型是基本数据类型,重点学习了结构体类型。本章还学习了用户定义类型名的方法。现小结如下:

(1)结构体与共用体有很多相似的地方。

1)类型定义的形式相同。通过定义类型说明了结构体或共用体所包含的不同数据类型的成员项,同时确定了结构体或共用体类型的名称。

2)变量说明的方法相同。都有3种方法说明变量:第一种方法是先定义类型,再说明变量;第二种方法是在定义类型的同时说明变量;第三种方法是利用结构直接说明变量。数组、指针等可与变量同时说明。

3)结构体与共用体的引用方式相同。除了同类型的变量之间可赋值外,均不能对变量整体赋常数值、输入、输出和运算等,都只能通过引用其成员项进行,嵌套结构只能引用其基本成员,如:

变量.成员

或

变量.成员.成员...基本成员

结构体或共用体的(基本)成员是基本数据类型的,可作为简单变量使用,是数组的可当作一般数组使用。

4)无论结构体还是共用体其应用的步骤是基本相同的,都要经过3个过程:①定义类型;②用定义的类型说明变量,说明后编译系统会为其开辟内存单元存放具体的数据;③引用结构体或共用体的成员。

(2)了解结构体与共用体的区别非常重要,他们的主要区别有:

1)在结构体变量中,各成员均拥有自己的内存空间,它们是同时存在的,一个结构变量的总长度等于所有成员项长度之和;在共用体变量中,所有成员只能先后占用该共用体变量的内存空间,它们不能同时存在,一个共用体变量的长度等于最长的成员项的长度。这是结构体与共用体的本质区别。

2)在说明结构体变量或数组时可以对变量或数组元素的所有成员赋初值,由于共用体变量同时只能存储一个成员,因此只能对一个成员赋初值。对共用体变量的多个成员赋值则逐次覆盖,只有最后一个成员有值。

(3)定义结构体与共用体类型时可相互嵌套。

（4）对于结构体类型，如果其中的一个成员项是一个指向自身结构的指针，则该类型可以用作链表的结点类型。实用的链表结点必须是动态存储分配的，即在函数的执行部分通过动态存储分配函数开辟的存储单元。链表的操作有建立、输出链表，插入、删除结点等。

（5）枚举类型的数据就是用户定义的一组标识符（枚举常量）的序列，其存储的是整型数值，因此枚举类型是基本数据类型。由于枚举常量对应整数值，因此枚举类型数据与整数之间可以比较大小，枚举变量还可以进行++、-- 等运算。枚举类型不能直接输入输出，只能通过赋值取得枚举常量值，输出也只能间接进行，如例 9-8。

（6）用户可以通过 typedef 给系统数据类型以及构造类型重新命名，注意这并没有定义新的类型。其中定义替代类型名的作用是：给已有的类型起个别名标识符；而定义构造类型名的作用是：自己定义（一般是简化）新"构造"类型名标识符。

习题九

一、选择题

1. 已知：
    ```
    struct
    {
       int i;
       char c;
       float a;
    }ex;
    ```
   则 sizeof(ex);的值是（   ）。
   A. 4   B. 5   C. 6   D. 7

2. 已知：
    ```
    union
    {
       int i;
       char c;
       float a;
    }ex;
    ```
   则 sizeof(ex);的值是（   ）。
   A. 4   B. 5   C. 6   D. 7

3. 设有以下说明语句：
    ```
    struct ex
    {
       int x;
       float y;
       char z;
    }example;
    ```
   则以下叙述中不正确的是（   ）。
   A．struct 是结构体类型的关键字   B．example 是结构体类型名

C. x、y、z 都是结构体成员名　　D. struct ex 是结构体类型

4. 若有如下定义：
```
struct person{char name[9];int age; };
struct person class[10]={ "John", 17, "Paul", 19, "Mary", 18, "Adam", 16}
```
根据上述定义，能输出字母 M 的语句是（　　）。

A. printf("%c\n", class[3].name);

B. printf("%c\n", class[3].name[1]);

C. printf("%c\n", class[2].name[1]);

D. printf("%c\n", class[2].name[0]);

5. 以下结构体类型变量的定义中，不正确的是（　　）。

A. typedef struct aa　　　　　B. #define AA struct aa
　　{　　　　　　　　　　　　　　AA{
　　　int n;　　　　　　　　　　　int n;
　　　float m;　　　　　　　　　　float m;
　　}AA;　　　　　　　　　　　　}td1;

C. struct aa　　　　　　　　　D. struct
　　{　　　　　　　　　　　　　　{
　　　int n;　　　　　　　　　　　int n;
　　　float m;　　　　　　　　　　float m;
　　};　　　　　　　　　　　　　}td1;
　　struct aa td1;

6. 设有定义语句：
```
enum team{my, you=4, his, her=his+10};
```
则 printf("%d, %d, %d, %d\n", my, your, his, her);的输出是（　　）。

A. 0、1、2、3　　　　　　　　B. 0、4、0、10

C. 0、4、5、15　　　　　　　　D. 1、4、5、15

7. 若有如下定义，则 printf("%d\n", sizeof(them));的输出是（　　）。
```
typedef union{long x[2]; int y[4]; char z[8];}MYTYPE;
MYTYPE them;
```

A. 32　　　　B. 16　　　　C. 8　　　　D. 24

8. 若有如下定义，则对 data 中的 a 成员的正确引用是（　　）。
```
struct sk{int a; float b;}data, *p=&data;
```

A. *(p).data.a　　B. (*p).a　　C. p->data.a　　D. p.data.a

9. C 语言共用体类型在任何给定的时刻（　　）。

A. 所有成员一直驻留在结构中

B. 只能有一个成员驻留在结构中

C. 部分成员驻留在结构中

D. 没有成员驻留在结构中

10. 以下对 C 语言中共用体类型数据的叙述正确的是（　　）。

A. 可以对共用体变量名直接赋值

B. 一个共用体变量中可以同时存放其所有成员
C. 一个共用体变量中不能同时存放其所有成员
D. 共用体类型定义中不能出现结构体类型的成员

11. 以下关于枚举的叙述不正确的是（   ）。
    A. 枚举变量只能取对应枚举类型的枚举元素表中的元素
    B. 可以在定义枚举类型时对枚举元素进行初始化
    C. 枚举元素表中的元素有先后次序，可以进行比较
    D. 枚举元素的值可以是整数或字符串

12. 以下关于 typedef 的叙述不正确的是（   ）。
    A. 用 typedef 可以定义各种类型名，但不能用来定义变量
    B. 用 typedef 可以增加新类型
    C. 用 typedef 只是将已存在的类型用一个新的名称来代表
    D. 使用 typedef 便于程序的通用和移植

二、填空题

1. "." 称为_____运算符，"->" 称为_____运算符。
2. 若有如下定义语句，则变量 w 在内存中所占的字节数是_____。
   ```
   union aa{float x; char  c[6];};
   struct st{union aa v; float w[5]; double   ave;}w;
   ```
3. 设有以下结构体类型定义和变量说明，则变量 a 在内存所占字节数是_____。
   ```
   struuct stud
   {
       char num[6];
       int s[4];
       double ave;
   }a, *p;
   ```
4. 以下程序用来输出结构体变量 ex 所占存储单元的字节数，请填空。
   ```
   struct st
   {
       char name[20]; double  score;
   };
   main()
   {
       struct st ex;
       printf("ex size: %d\n", sizeof( _____ );
   }
   ```
5. 以下语句要使指针变量指向一个整型的动态存储单元，请填空。
   ```
   int *p;
   p=_____malloc(sizeof(int));
   ```
6. 请定义一个枚举类型 month，其枚举元素是一年中的 12 个月份，要求每个元素的取值等于其相应的月份数，例如：对于 12 月，枚举元素 Dec 的值为 12。
   ```
   enum  month_____;
   ```

7. 下面程序的输出是_____。
   ```
   #include <stdio.h>
   void main()
   {
       enum em{em1=3, em2=1, em3};
       char *aa[]={"AA", "BB", "CC", "DD"};
       printf("%s%s%s\n", aa[em1], aa[em2], aa[em3]);
   }
   ```

三、阅读程序题

1. 阅读下列程序，写出运行结果。
   ```
   #include <stdio.h>
   void main(void)
   {
       union {char c; char i[4];}z;
       z.i[0]=0x39;
       z.i[1]=0x36;
       printf("%c\n", z.c);
   }
   ```

2. 阅读下列程序，写出运行结果。
   ```
   struct stru
   {
       int x; char ch;
   };
   #include <stdio.h>
   void main()
   {
       struct stru a={10, 'x'};
       func(a);
       printf("%d, %c\n", a.x, a.ch);
   }
   func(struct stru b)
   {b.x=100; b.ch='n';}
   ```

3. 阅读下列程序，写出运行结果。
   ```
   union st
   {
       int i; char ch[2];
   }a;
   main()
   {
       a.ch[0]=13; a.ch[1]=0;
       printf("%d\n", a.i);
   }
   ```

4. 阅读下列程序，写出运行结果。
   ```
   struct stu
   ```

```
   {
       int x, *y;
   }*p;
   int a[]={15, 20, 25, 30};
   struct  stu  aa[]={35, &a[0], 40, &a[1], 45, &a[2], 50, &a[3]};
   #include <stdio.h>
   void main()
   {
       p=aa;
       printf("%d ", ++p->x);
       printf("%d ", (++p)->x);
       printf("%d\n", ++(p->x));
   }
```

5. 阅读下列程序，写出运行结果。
```
   union myun
   {
       struct
       {
           int x, y, z;
       }u;
       int k;
   }a;
   #include <stdio.h>
   void main()
   {
       a.u.x =4, a.u.y=5; a.u.z=6;
       a.k=0;
       printf("%d \n", a.u.x);
   }
```

6. 阅读下列程序，写出运行结果。
```
   #include <stdio.h>
   void main()
   {
       union
       {
           int k;
           char c[2];
       }*s, a;
       s=&a;
       s->c[0]=0x39; s->c[1]=0x38;
       printf("%x\n", s->k);
   }
```

7. 阅读下列程序，写出运行结果。
```
   #include <stdio.h>
   enum week{Sun=7, Mon=1, Tue, Wed, Ths, Fri, Sat};
   void main()
```

```
    {
       printf("%d\n", hour(Fri, Sun));
    }
    int hour(int x, int y)
    {
       if(y>x) return 24*(y-x);
       else    return(-1);
    }
```

四、程序设计题

1. 定义一结构体，成员项包括一个字符型、一个整型。编程实现结构体变量成员项的输入、输出，并通过结构体指针引用该变量。

2. 建立一结构体，其中包括学生的姓名、性别和计算机课程的成绩。建立一个有 5 个元素的结构体数组。输入学生信息，输出考分大于平均分的同学的姓名、性别和计算机课程。

3. 已知一长度为 2 个字节的整数，现欲将其高位字节与低位字节相互交换后输出，试用共用体类型实现这一功能。

第 10 章 位运算

- 掌握基本位运算的形式
- 掌握位运算的一般性计算方法

10.1 几个基本概念

【问题】我们知道任何信息在计算机中都是以二进制形式表示，而日常生活中使用的是十进制，由于位运算是指进行二进制位的运算，因此在学习位运算之前有必要了解与回顾一下计算机内数据的组织与存储形式。

10.1.1 字节与位

字节（byte）是计算机中的存储单元。一个字节可以存放一个英文字母或符号，一个汉字通常要用两个字节来存储。每一个字节都有自己的编号，叫做"地址"。1 个字节由 8 个二进制位（位的英文是 bit）构成，每位的取值为 0 或 1。最右端的那 1 位称为"最低位"，编号为 0；最左端的那 1 位称为"最高位"，而且从最低位到最高位顺序依次编号。图 10-1 所示是 1 个字节各二进制位的编号。

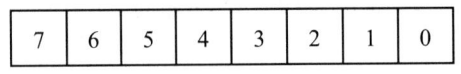

图 10-1　1 个字节各二进制位的编号

把若干字节组成一个单元，叫做"字"（word）。一个字可以存放一个数据或指令。至于一个字由几个字节组成，取决于计算机的硬件系统。一般由 1 个、2 个或 4 个字节组成，所对应的计算机也被称为 8 位机、16 位机或 32 位机。目前微机以 16 位机或 32 位机为主。但在本书中作为原理讲述的是 8 位机。

10.1.2 原码

计算机使用的是二进制数。但这些数据有不同的编码方式，分别有原码、反码和补码。

以 8 位计算机系统为例，把最高位（即最左面的一位）留作表示符号，其他 7 位表示二进制数，这种编码方式叫做原码。最高位为"0"表示正数，为"1"表示负数。例如，00000011 表示+3，10000011 表示-3。显然，这样可以表示的数值范围在+127 到-127 之间。

这种表示方法有一个缺陷，数值 0 会出现歧义：00000000 表示+0，10000000 表示-0。

10.1.3 反码

对于正数,反码与原码相同。例如,00000011 表示+3。所谓"反码"是指与"原码"在表示负数时相反:符号位(最高位)为"1"表示负数。但其余位的值相反。例如,11111100 表示-3。显然,这样可以表示的数值范围在+127 到-127 之间。

这种表示方法仍然有一个缺陷,数值 0 会出现歧义:00000000 表示+0,11111111 表示-0。

10.1.4 补码

对于正数,补码与原码相同。0 的补码为 00000000。这样,0 的表示唯一。对于负数,可以从原码得到补码,步骤如下:首先,符号位不变,为 1;其次,把其余各位取反,即 0 变为 1,1 变为 0;然后,对整个数加 1。

已知一个数的补码,求原码的操作分两种情况:

(1)如果补码的符号位为"0",表示是一个正数,所以补码就是该数的原码。

(2)如果补码的符号位为"1",表示是一个负数,求原码的操作可以是:符号位不变,其余各位取反,然后再整个数加 1。

例如,已知一个补码为 11111001,则原码是 10000111(-7):因为符号位为"1",表示是一个负数,所以该位不变,仍为"1";其余 7 位 1111001 取反后为 0000110;再加 1,所以是 10000111。

计算机中的数据都采用补码。原因在于:使用补码,可以将符号位和其他位统一处理;同时,减法也可按加法来处理。如-3+4 可以变成-3 的补码与+4 的补码相加。另外,两个用补码表示的数相加时,如果最高位(符号位)有进位,则进位被舍弃。

10.2 位运算符和位运算

位运算符是以单独的二进制位为操作对象的运算。也就是说,其操作数是二进制数。这是与其他运算符的主要不同之处。

C 语言中提供的位运算符有:按位与(&)、按位或(|)、按位异或(^)、按位取反(~)、左移(<<)、右移(>>),此运算规则如表 10-1 所示。

表 10-1 位运算规则

x	y	x&y	x|y	x^y	~y
0	0	0	0	0	1
0	1	0	1	1	0
1	0	0	1	1	1
1	1	1	1	0	0

下面逐一讲述这些位运算符及其应用。

10.2.1 按位取反

运算符：~

格式：~x

功能：各位翻转，即原来为 1 的位变成 0，原来为 0 的位变成 1。

主要用途：间接地构造一个数，以增强程序的可移植性。

示例：如 x=83，y=~x，则 y=172。

$$83\ (01010011) \Longrightarrow\ \sim 83\ (\sim 01010011) \Longrightarrow\ 172\ (10101100)$$

10.2.2 按位与

运算符：&

格式：x&y

功能：当两个操作对象二进制数的相同位都为 1 时，结果数值的相应位为 1，否则相应位是 0。

主要用途：取（或保留）1 个数的某（些）位，其余各位置 0。

示例：如 x=146，y=222，z=x&y，则 z=146。

```
   146: 10010010
 &222: 11011110
   ───────────  ⟹ 146
        10010010
```

10.2.3 按位或

运算符：|

格式：x|y

功能：当两个操作对象二进制数的相同位都为 0 时，结果数值的相应位为 0，否则相应位是 1。

主要用途：将一个数的某（些）位置 1，其余各位不变。

示例：如 x=146，y=222，z=x|y，则 z=222。

```
   146: 10010010
 | 222: 11011110
   ───────────  ⟹ 222
        10011110
```

10.2.4 按位异或

运算符：^

格式：x ^ y

功能：当两个操作对象二进制数的相同位的值相同时，结果数值的相应位为 0，否则相应位是 1。

主要用途：使一个数的某（些）位翻转（即原来为 1 的位变为 0，为 0 的变为 1），其余各位不变。

示例：如 x=146，y=222，z=x ^ y，则 z=76。

```
            146: 10010010
         ^  222: 11011110          ⟹  76
            01011100
```

10.2.5 左位移

运算符：<<

格式：x<<要位移的位数

功能：把操作对象的二进制数向左移动指定的位，并在右面补上相应的0，高位溢出。

示例：如 x=01010011，y=x<<2，则 y=10110000。

注意：左移会引起数据的变化，具体说，左移一位相当于对原来的数值乘以 2。左移 n 位相当于对原来的数值乘以 2^n。

10.2.6 右位移

运算符：>>

格式：x>>要位移的位数

功能：把操作对象的二进制数向右移动指定的位，移出的低位舍弃；高位：

（1）对无符号数和有符号中的正数，补 0。

（2）有符号数中的负数，取决于所使用的系统：补 0 的称为"逻辑右移"，补 1 的称为"算术右移"。

示例：如 x=01010011，y=x>>2，则 y=00010100。

注意：右移会引起数据的变化，具体说，右移一位相当于对原来的数值除以 2。右移 n 位相当于对原来的数值除以 2^n。

说明：

（1）x、y 和"位数"等操作数都只能是整型或字符型数据。除按位取反为单目运算符外，其余均为双目运算符。

（2）参与运算时，操作数 x 和 y 都必须首先转换成二进制形式，然后再执行相应的按位运算。例如，5<<2=20：0101→10100，20>>2=5：10100→00101。

（3）复合赋值运算符。除按位取反运算外，其余 5 个位运算符均可与赋值运算符一起构成复合赋值运算符：&=、|=、^=、<<=、>>=。例如，a & = b 相当于 a = a & b，a << =2 相当于 a = a << 2。

（4）不同长度数据间的位运算——低字节对齐，短数的高字节按最高位补位：

1）对无符号数和有符号中的正数，补 0。

2）有符号数中的负数，补 1。

10.3 程序举例

【例 10-1】取一个整数 a 从右端开始的 4~7 位。

【分析】

（1）先使 a 右移 4 位，目的是使要取出的那几位移到最右端（如图 10-2 所示）。
右移到右端可以用下面的方法实现：a>>4。

图 10-2　右移示意图

（2）设置一个低 4 位全为 1，其余全为 0 的数。可用下面的方法实现：~(~0<<4)。
（3）将上面二者进行&运算，即：(a>>4) & ~(~0<<4)。
根据上一节介绍的方法，与低 4 位为 1 的数进行&运算，就能将这 4 位保留下来。

```
/* e10_1.C */
#include <stdio.h>
void main()
{
   unsigned a,b,c,d;
   scanf("%o",&a);
   b=a>>4;
   c=~(~0<<4);
   d=b&c;
   printf("%o,%d\n%o, %d\n",a,a,d,d);
}
```

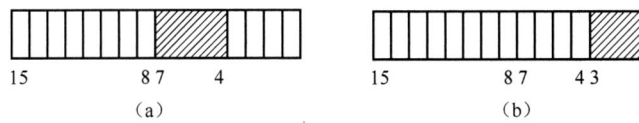

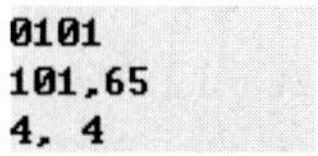

图 10-3　例 10-1 的运行结果

程序的运行结果如图 10-3 所示。

【例 10-2】从键盘上输入一个正整数给 int 变量 num，按二进制位输出该数。

```
/* e10_2.C */
#include "stdio.h"
void main()
{
   int num, mask, i;
   printf("Input a integer number:");
   scanf("%d",&num);
   mask = 1<<15;        /*构造一个最高位为1、其余各位为0的整数（屏蔽字）*/
   printf("%d=" , num);
   for(i=1; i<=16; i++)
   {
        putchar(num&mask ? '1': '0');   /*输出最高位的值（1/0）*/
        num <<= 1;                       /*将次高位移到最高位上*/
        if( i%4==0 )
            putchar(',');                /*四位一组，用逗号分开*/
   }
   printf("\bB\n");
}
```

程序的运行结果如图 10-4 所示。

```
Input a integer number:65
65=0000,0000,0100,0001B
```

图 10-4 例 10-2 的运行结果

本章介绍的位运算在系统软件开发与计算机用于检测和控制领域中有重要应用，也是 C 语言的特色之一。重点要求读者掌握位运算符及其应用。

学好本章必须了解计算机内数据的组织与存储形式，二进制的原理是关键。本章介绍的位运算包括按位与（&）、按位或（|）、按位异或（^）、按位取反（~）、左移（<<）、右移（>>），实质上都是 1 和 0 的变换或者移动，学好本章对今后计算机系统的编程很有好处。

一、选择题

1. 用 8 位无符号二进制数能表示的最大十进制数为（   ）。
   A．127　　　　　B．128　　　　　C．255　　　　　D．256
2. 设 char 型变量 x 中的值为 10100111，则表达式(2+x)^(~3)的值是（   ）。
   A．10101001　　B．10101000　　C．11111101　　D．01010101
3. 有以下程序：
   ```
   #include "stdio.h"
   void main()
   {
       unsigned char a,b,c;
       a=0x3; b=a|0x8; c=b<<1;
       printf("%d %d\n",b,c);
   }
   ```
   程序运行后的输出结果是（   ）。
   A．–11 12　　　B．–6 –13　　　C．12 24　　　D．11 22
4. 以下程序的输出结果是（   ）。
   ```
   #include "stdio.h"
   void main()
   {
       char x=040;
       printf("%o\n",x<<1);
   }
   ```
   A．100　　　　　B．80　　　　　　C．64　　　　　　D．32
5. 以下程序的输出结果是（   ）。
   ```
   #include "stdio.h"
   void main()
   ```

```
    {
        int  x=0.5;  char  z='a';
        printf("%d\n", (x&1)&&(z<'z'));
    }
```
   A．0　　　　　　B．1　　　　　　C．2　　　　　　D．3

6．整型变量 x 和 y 的值相等且为非 0 值，则以下选项中，结果为零的表达式是（　）。

   A．x‖y　　　　　B．x|y　　　　　C．x & y　　　　D．x^y

7．设有定义语句：char c1=92,c2=92;，则以下表达式中值为零的是（　）。

   A．c1^c2　　　　B．c1&c2　　　　C．~c2　　　　　D．c1|c2

8．有以下程序：
```
    #include "stdio.h"
    void main()
    {
        unsigned char a,b;
        a=4|3;
        b=4&3;
        printf("%d %d\n",a,b);
    }
```
执行后输出结果是（　）。

   A．7 0　　　　B．0 7　　　　C．1 1　　　　D．43 0

9．有以下程序：
```
    #include "stdio.h"
    void main()
    {
        int  x=3, y=2,z=1;
        printf("%d\n",x/y&~z);
    }
```
程序运行后的输出结果是（　）。

   A．3　　　　　　B．2　　　　　　C．1　　　　　　D．0

10．有以下程序：
```
    #include "stdio.h"
    void main()
    {
        unsigned char a,b;
        a=7^3;
        b=~4&3;
        printf("%d %d\n",a,b);
    }
```
执行后输出结果是（　）。

   A．4 3　　　　B．7 3　　　　C．7 0　　　　D．4 0

二、填空题

1．设变量 a 的二进制是 00101101，若想通过运算 a^b 使 a 的高 4 位取反，低 4 位不变，则 b 的二进制数应是_____。

2. 运用位运算，能将变量 ch 中的大写字母转换成小写字母的表达式是_____。

3. 能将两字节变量 x 的高 8 位置全 1，低字节保持不变的表达式是_____。

4. 若 a 为任意整数，能将变量 a 清零的表达式是_____。

5. 把操作对象的二进制数向右移动 n 位，相当于对原来的数值_____$2n$。

三、阅读程序题

1.
```c
#include "stdio.h"
void main()
{
    int a,b;
    a=077;
    b=a&3;
    printf("The a & 3 is %d \n",b);
}
```

2.
```c
#include "stdio.h"
void main()
{
    int a=3,b=4;
    a=a^b;
    b=b^a;
    a=a^b;
    printf("a= %d, b= %d \n",a,b);
}
```

三、程序设计题

1. 编写一个函数 getbits，从一个 16 位的单元中取出某几位（即该几位保留原值，其余位为 0）。函数调用形式为 getbits(value,n1,n2)。value 为该 16 位（两个字节）中的数据值，n1 为欲取出的起始位，n2 为欲取出的结束位。如 getbits(0101675,5,8)表示对八进制 101675 这个数取出它的从左面起第 5 位到第 8 位。

2. 写一函数，对一个 16 位的二进制数取出它的奇数位（即从左边起第 1,3,5,…,15 位）。

3. 设计一个函数，使给出一个数的原码，能得到该数的补码。

四、问答题

C 语言中，位运算的对象可以是什么类型的数据？

第 11 章 文件

- 了解磁盘文件的概念和用途
- 掌握文件指针的概念和文件指针变量的定义方法
- 深刻理解文件的读、写、定位等基本操作的实现
- 熟悉文件的打开、关闭、读、写、定位等函数的调用形式
- 掌握文件操作在程序设计中的应用方法
- 掌握编译预处理的基本概念和使用形式

11.1 文件概述

【问题】数据在计算机中如何被保存和阅读？

11.1.1 文件的概念

所谓"文件"是指一组相关数据的有序集合。这个数据集有一个名称，叫做文件名。在前面的章节中已经多次使用了文件，例如，源程序文件（.c）、目标文件（.obj）、可执行文件（.exe）、库文件（.lib）、头文件（.h）等。文件通常是存放在外部介质（如磁盘等）上的，操作系统也是以文件为单位对数据进行管理的，每个文件都通过唯一的"文件标识"来定位，即文件路径和文件名，例如：k:\24000101\program.c，其中 k:\24000101 就是路径，program.c 是文件名。当需要使用文件的时候，需要将文件调入内存中。

11.1.2 文件的分类

从不同的角度可对文件作不同的分类。

（1）从用户使用的角度看，文件可分为普通文件和设备文件两种。

普通文件是指驻留在磁盘或其他外部介质上的一个有序数据集，可以是源文件、目标文件、可执行程序，也可以是一组待输入处理的原始数据，或者是一组输出的结果。对源文件、目标文件、可执行程序可以称为程序文件，对输入输出数据可称为数据文件。

设备文件是指与主机相连的各种外部设备，如显示器、打印机、键盘等。在操作系统中，把外部设备也看做是一个文件来进行管理，把它们的输入和输出等同于对磁盘文件的读和写。通常把显示器定义为标准输出文件，一般情况下在屏幕上显示有关信息就是向标准输出文件输出。如前面经常使用的 printf、putchar 函数就是这类输出。键盘通常被指定标准的输入文件，从键盘上输入就意味着从标准输入文件上输入数据。scanf、getchar 函数就属于这类输入。

（2）从文件编码和数据的组织方式来看，文件可分为 ASCII 码文件和二进制码文件。

ASCII 文件也称为文本文件,这种文件在磁盘中存放时每个字符占一个字节,每个字节中存放相应字符的 ASCII 码。内存中的数据存储时需要转换为 ASCII 码。

二进制文件则不同,内存中的数据存储的时候不需要进行数据转换,存储介质上保存的数据采用与内存数据一致的表示形式存储。

例如,int 型数据 2008 的存储形式如表 11-1 所示。

表 11-1 ASCII 码与二进制存储比较表

ASCII 码	00110010	00110000	00110000	00111000	4 个字节
二进制	00000111	11011000			2 个字节

ASCII 码存储占用 4 个字节,而二进制存储占用 2 个字节,同内存中的格式。

ASCII 码文件可在屏幕上按字符显示。例如,源程序文件就是 ASCII 文件,用记事本打开可显示文件的内容。由于是按字符显示,因此能读懂文件内容。所以采用 ASCII 码存储可被操作系统直接识别,但占用存储空间较多,同时还要付出由内存的二进制形式转换为 ASCII 码的时间开销;用二进制存储则节省存储空间和转换时间,但一般不能直接识别。

事实上,C 语言系统在处理这些文件时,并不区分类型,都看成是字符流,按字节进行处理。输入输出字符流的开始和结束只由程序控制而不受物理符号(如回车符)的控制。因此也把这种文件称为"流式文件"。

(3) 从 C 语言对文件的处理方法来看。旧的 C 版本(如 UNIX 系统下使用的 C)有两种对文件的处理方法:一种叫"缓冲文件系统",另一种叫"非缓冲文件系统"。

所谓缓冲文件系统是指:系统自动地在内存区为每一个正在使用的文件名开辟一个缓冲区。从内存向磁盘输出数据必须先送到内存中的缓冲区,装满缓冲区后才一起送到磁盘去。如果从磁盘向内存读入数据,则一次从磁盘文件将一批数据输入到内存缓冲区(充满缓冲区),然后再从缓冲区逐个地将数据送到程序数据区(给程序变量),缓冲区的大小由各个具体的 C 版本确定,一般为 512 个字节,如图 11-1 所示。

所谓非缓冲文件系统是指系统不自动开辟确定大小的缓冲区,而由程序为每个文件设定缓冲区。

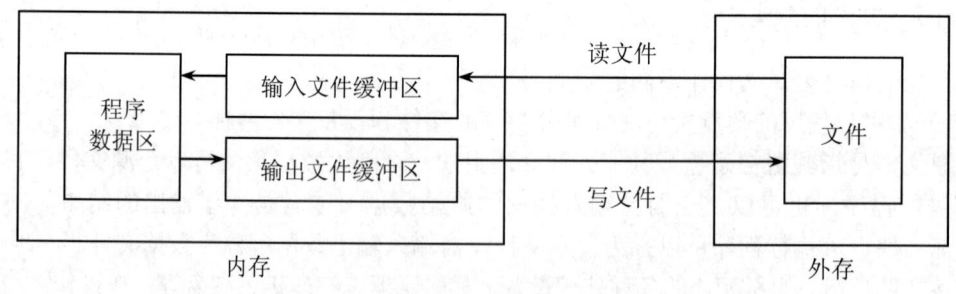

图 11-1 文件读写缓冲示意图

在 UNIX 系统下,用缓冲文件系统来处理文本文件,用非缓冲文件系统来处理二进制文件。用缓冲文件系统进行的输入输出又称为高级(或高层)磁盘输入输出,用非缓冲文件系统进行的输入输出又称为低级(或低层)输入输出。1983 年 ANSI C 标准决定不采用非缓冲文件系统,而只采用缓冲文件系统。也就是说,用缓冲文件系统既可处理文本文件,又可处理二进制文件。本书主要讨论 ANSI C 的文件系统以及它们的输入输出操作。

11.2 文件操作

11.2.1 FILE 文件类型指针

在 C 语言程序中，无论是一般磁盘文件还是设备文件，都可以通过文件结构类型的数据集合进行输入输出操作。文件结构是由系统定义的，取名为 FILE。有的 C 语言版本在 stdio.h 文件中有以下类型定义：

```
typedef struct
{
    short level;              /* 缓冲区"满"或"空"的程度*/
    unsigned flags;           /* 文件状态标志*/
    char fd;                  /* 文件描述符*/
    unsigned char hold;       /* 无缓冲区不读取字符*/
    short bsize;              /* 缓冲区大小*/
    unsigned char *buffer;    /* 数据缓冲区位置指针*/
    unsigned char *curp;      /* 当前指针指向*/
    unsigned istemp;          /* 临时文件指示器*/
    short token;              /* 用于有效性检查*/
} FILE;
```

有了 FILE 类型以后可以定义文件类型指针变量，例如：

FILE *fp;

其中，fp 是一个指向 FILE 类型结构体的指针变量。可以使 fp 指向某一个文件的结构体变量，从而能够通过该结构变量中的文件信息去访问该文件。也就是说，通过文件指针变量能够找到与它相关的文件。

如果有多个文件，一般应设多个相应的指针变量（指向 FILE 类型结构的指针变量），使它们分别指向对应的文件（实际上是指向该文件的信息结构），以实现对文件的访问。当然这是指需要同时访问这些文件而言，同一指针变量通过对它的赋值也可以指向不同的文件。

C 语言中的标准设备文件是由系统控制的，由系统自动打开和关闭，其文件结构指针由系统命名，用户无须说明即可直接使用，例如：

stdin　　标准输入文件（键盘）
stdout　 标准输出文件（显示器）
stderr　 标准错误输出文件（显示器）

对文件进行操作之前必须"打开"文件，打开文件的作用实际上是建立该文件的信息结构，并且给出指向该信息结构的指针以便对该文件进行访问。文件使用结束之后应该"关闭"该文件。文件的打开与关闭是通过调用 fopen 和 fclose 函数来实现的。

11.2.2 文件的打开操作

C 语言用 fopen()函数来实现文件的打开。fopen 函数的调用方式一般为：

FILE *fp;

fp=fopen(文件名,文件使用方式);

例如：

```
fp=fopen("result.txt","r");
```

它表示要打开名字为 result.txt 的文件，使用文件方式为"读入"，fopen 函数返回指向 result.txt 文件的指针并赋给 fp，这样 fp 就与 result.txt 相联系了，或者说 fp 指向 result.txt 文件。使用文件方式可以是表 11-2 中的任一项。

表 11-2　文件使用方式标识符

文件使用方式		含义
"r"	（只读，文本）	以只读方式打开一个已有的文本文件
"w"	（只写，文本）	以只写方式建立一个新的文本文件。如果该文件已存在则将它删去，然后重新建立一个新文件
"a"	（追加，文本）	以添加方式打开一个文本文件，在文件末尾添加。如果该文件不存在，则建立一个新文件后再添加
"rb"	（只读，二进制）	以只读方式打开一个已有的二进制文件
"wb"	（只写，二进制）	以只写方式打开一个二进制文件
"ab"	（追加，二进制）	以添加方式打开一个二进制文件
"r+"	（读写，文本）	以读写方式打开一个已有的文本文件
"w+"	（读写，文本）	以读写方式建立一个新的文本文件
"a+"	（读写，文本）	以读写方式打开一个文本文件，在文件末尾添加和修改，如果文件不存在，则建立一个新文件后再添加和修改
"rb+"	（读写，二进制）	以读写方式打开一个已有的二进制文件
"wb+"	（读写，二进制）	以读写方式建立一个新的二进制文件
"ab+"	（读写，二进制）	以读写方式打开一个二进制文件

说明：

（1）用以上方式可以打开文本文件或二进制文件，这是 ANSI C 的规定，即用同一种缓冲文件系统来处理文本文件和二进制文件。但目前使用的有些 C 编译系统可能不完全提供所有这些功能（例如有的只能用"r"、"w"、"a"方式），有的 C 版本不用"r+"、"w+"、"a+"而用"rw"、"wr"、"ar"等，请注意所用系统的规定。

（2）如果不能实现"打开"的任务，fopen 函数将会返回一个出错信息。出错的原因可能是：用"r"方式打开一个并不存在的文件；磁盘出故障；磁盘已满无法建立新文件等。此时 fopen 函数将带回一个空指针值 NULL（NULL 在 stdio.h 文件中已被定义为 0）。

常用下面的方法打开一个文件：

```
if((fp=fopen("filename","r"))==NULL)
{
  printf("cannot open this file.\n");
  exit(0);
}
```

即先检查打开文件有无出错，如果有错就在终端上输出"cannot open this file"。exit 函数的作用是关闭所有文件，终止正调用的过程。待程序员检查出错误，修改后再运行。

（3）用"w"方式打开文件时，只能从内存向该文件输出（写）数据，而不能从文件向内存输入数据。如果该文件原来不存在，则打开时按指定文件名建立一个新文件。如果原来的文件已经存在，则打开时将文件删空，然后重新建立一个新文件，所以务必小心。

用"a"方式打开文件时，向文件的尾部添加新数据，文件中原来的数据保留，但要求文件必须存在，否则会返回出错信息。打开文件时，文件的位置指针在文件末尾。

用"r+"、"w+"、"a+"方式打开文件时，既可以输入也可以输出，不过3种方式是有区别的："r+"方式要求必须文件存在；"w+"方式则建立新文件后进行读写；"a+"方式则保留文件原有的数据，进行追加或读的操作。

在用文本文件向计算机输入时，应将回车和换行两个字符转换为一个换行符；在输出时，应将换行符转换为回车和换行两个字符。在用二进制文件时，不需要进行这种转换，因为在内存中的数据形式与输出到外部文件中的数据形式完全一致，一一对应。

在程序开始运行时，系统自动打开 3 个标准文件：标准输入、标准输出、标准出错输出。通常这 3 个文件都与终端相联系。因此以前我们所用到的从终端输入或输出，都不需要打开终端文件。系统自动定义了 3 个文件指针 stdin、stdout 和 stderr，分别指向终端输入、终端输出和标准出错输出（也从终端输出）。如果程序中指定要从 stdin 所指的文件输入数据，就是指从终端键盘输入数据。

选择好打开的方式，在对文件进行操作时必须遵守打开方式的约定，否则会出错。例如以"r"方式打开，却要向文件中写入数据，会导致程序出错。另外要注意对原有文件的保护，如果原有数据需要保留，就不能用"w"或"w+"的方式打开，否则将丢失原有的数据。

11.2.3　文件的关闭操作

文件在使用完后应该及时关闭它，以防止它再被误用。"关闭"就是释放文件指针。释放后的文件指针变量不再指向该文件，为自由的文件指针。这种方式可以避免文件中的数据丢失。释放指针后不能再通过该指针对原对应的文件进行读写操作，除非再次用该指针变量打开该文件。

用 fclose 函数关闭文件。fclose 函数调用的一般形式为：

fclose(文件指针);

例如：

fclose(fp);

用 fopen 函数打开文件时所带回的指针赋给了 fp，现把该文件关闭。

应该养成关闭不用文件的习惯，程序结束前应该保证所有操作文件均被关闭，如果不关闭将可能丢失数据。关闭文件的语句通常放在对文件的操作完成之后，也可以放在程序结束之前。由于在向文件写数据时，数据先被输送到缓冲区，待缓冲区充满后才正式输出给文件。如果数据未充满缓冲区而程序结束运行，就会将缓冲区中的数据丢失。用 fclose 函数关闭文件，可以避免这种情况发生，它先把缓冲区中的数据输出到磁盘文件，然后才释放文件指针变量。

如果文件关闭成功，fclose 函数返回值为 0；如果关闭出错，则返回值为 EOF（-1）。这可以用 ferror 函数来测试。

11.2.4 文件的读写操作

1. 字符读写函数

（1）字符输入函数 fgetc。从指定文件读入一个字符，该文件必须是以读或读写方式打开的。fgetc 函数的调用形式为：

    ch=fgetc(fp);

说明：fp 为文件型指针变量，ch 为字符变量。

功能：从 fp 指向的文件中读取一个字符并赋给变量 ch。

如果在执行 fgetc 读字符时遇到文件结束符或出错，则函数返回一个文件结束标志 EOF（-1）。当形参 fp 为标准输入文件指针 stdin 时，则读文件字符函数 fgetc(stdin)与终端输入函数 getchar()具有完全相同的功能。

【例 11-1】显示文本文件 readme.txt 的内容。

```
/*   e11_1.C    */
#include <stdio.h>
void main()
{
  FILE *fp;
  char ch;
  if((fp=fopen("readme.txt","r"))==NULL) /* 标准的文件打开方式，含错误处理 */
  {
   printf("file open error.\n");
   exit(0);
  }
  while((ch=fgetc(fp))!=EOF)
   putchar(ch);
  fclose(fp);
}
```

该程序完成：从一文件名为 "readme.txt" 的磁盘文件中顺序读取字符，并在标准输出设备显示器上输出。

注意：EOF 为文本文件的结束标志。二进制文件中的数据，某一个字节的值可能是-1，而这又恰好是 EOF 的值。所以，上述程序只适合处理文本文件。ANSI C 已允许用缓冲区文件系统处理二进制文件，为了解决上述问题，ANSI C 提供了一个 feof 函数来判断文件是否真的结束。feof(fp)用来测试 fp 所指向的文件当前状态是否为"文件结束"。如果是文件结束，函数 feof(fp)的值为 1（真），否则为 0（假）。

如果想顺序读取一个二进制文件的数据，上面的程序修改为：

```
   ch=fgetc(fp);
   while(!feof(fp))     /* 相当于 while(feof(fp)==0) */
   {
    putchar(ch);
    ch=fgetc(fp);
   }
   …
```

feof(fp)的值为 0 时表示未到文件尾，feof(fp)的值为 1 时表示到达文件尾，所以!feof(fp)相当于 feof(fp)==0。fgetc 读取一个字节的数据赋给字符变量 ch（当然可以接着对这些数据进行所需的处理）。直到遇文件结束，feof(fp)的值为 1，!feof(fp)的值为 0，退出 while 循环。

对于文本文件这种方法也适用。

（2）字符输出函数 fputc。fputc 函数把一个字符输出到磁盘文件上。其一般形式为：

fputc(ch,fp);

说明：ch 是要输出的字符，它可以是一个字符常量，也可以是一个字符变量。fp 是文件指针变量，通常它从 fopen 函数得到返回值。

功能：将字符（ch 的值）输出到 fp 所指向的文件上。如果输出成功，函数返回值是输出的字符；如果输出失败，则返回 EOF（-1）。同样，fputc(ch,stdout)的作用是将 ch 的值在显示器上输出，与函数 putchar(ch)的功能完全相同。

【例 11-2】从键盘上输入的字符代码顺序存入名为 "result.txt" 的磁盘文件中，当键盘输入 Ctrl+Z 时关闭文件，输入结束。

```
/* e11_2.C */
#include "stdio.h"
void main()
{
 FILE *fp;
 int ch;
 if((fp=fopen("result.txt","w"))==NULL)
 {
   printf("file created error.\n");
   exit(0);
 }
 do
 {
   ch=getchar();   /* 注意次序，先输入字符再写到文件中 */
   fputc(ch,fp);
 }while(ch!=EOF);
 fclose(fp);
}
```

【思考】当键盘输入 "#" 时结束，如何修改程序？

【例 11-3】编程完成将文本文件 readme.txt 复制到 result.txt 中。

```
/* e11_3.C */
#include <stdio.h>
void main()
{
FILE *fp1,*fp2;
char ch;
if((fp1=fopen("readme.txt","r"))==NULL)
{
 printf("file1 openned error.\n");
```

```
         exit(0);
       }
       if((fp2=fopen("result.txt","w"))==NULL)
       {
        printf("file2 created error.\n");
        exit(0);
       }
       while((ch=fgetc(fp1))!=EOF)            /* 读取文件 fp1 的内容  */
          fputc(ch,fp2);                      /* 写到文件 fp2 中      */
       fclose(fp1);
       fclose(fp2);
    }
```

【思考】

（1）两个文件的处理次序可以换一下吗？

（2）文件名在程序运行后再输入确定，如何修改程序？

2．字符串读写函数

（1）读文件字符串函数 fgets。从指定文件读入一个字符串，该文件必须是以读或读写方式打开的。fgets 函数的调用形式为：

```
fgets(str,n,fp);
```

说明：参数 str 可以是一个字符型数组名或指向字符串的指针；参数 n 为读取的最多的字符个数；参数 fp 为要读取文件的指针。

功能：从 fp 指定的文件中读取长度不超过 n-1 个字符的字符串，并将该字符串放到字符数组 str 中。读取成功，函数返回字符数组 str 的首地址；如果文件结束或出错，则返回 NULL。读取操作遇到以下情况结束：

1）已经读取了 n-1 个字符。

2）当前读取到的字符为回车符。

3）已读取到文件末尾。

注意：

1）使用该函数时，从文件读取的字符个数不会超过 n-1 个，这是由于在字符串尾部还需自动追加一个 "\0" 字符，这样读取到的字符串在内存缓冲区正好占有 n 个字节。

2）如果从文件中读取到回车符时，也作为一个字符送入由 str 所指的内存缓冲区，然后再向缓冲区送入一个 "\0" 字符。

3）应注意，fgets()函数在使用 stdin 作为 fp 参数时与 gets()函数功能有所不同：gets()把读取到的回车符转换成 "\0" 字符，而 fgets()把读取到的回车符作为字符存储，然后再在末尾追加 "\0" 字符。

假设文件 readme.txt 的内容如下：

c	o	m	P	u	t	e	r	\n	l	e	v	e	l	EOF

有数组 char str[8];，文件指针 fp 指向 readme.txt，读写位置指向字符 c。

运行语句 fgets(str,8,fp);后 str 的内容为：

c	o	m	P	u	t	e	\0

再次运行 fgets(str,8,fp);后 str 的内容为：

| r | \n | \0 | | | | | |

第 3 次运行 fgets(str,8,fp);后 str 的内容为：

| l | e | v | E | l | \0 | | |

（2）字符串输出函数 fputs。fputs 函数把一个字符串输出到磁盘文件上。其一般形式为：
　　fputs(str,fp);

说明：str 可以是指向字符串的指针或字符数组名，也可以是字符串常量；fp 为指向写入文件的指针。

功能：将由 str 指定的字符串写入 fp 所指向的文件中。

注意：

1) 与 fgets()函数在输入字符串时末尾自动追加 "\0" 字符的特性相对应，fputs()函数在将字符串写入文件时，其末尾的 "\0" 字符自动舍去。

2) 当 fputs()函数使用 stdout 作为 fp 参数时，即 fputs(str,stdout)与 puts(str)在功能上有所不同：fputs()舍弃输出字符串末尾加入的 "\0" 字符，而 puts()把它转换成回车符输出。

3) 正常操作时，返回值为写入的字符个数；出错时，返回值为 EOF（-1）。

【例 11-4】将键盘输入的若干行字符存入到磁盘文件 result.txt 中。

```
/*  e11_4.C   */
#include <stdio.h>
void main()
{
 FILE *fp;
 char str[101];
 if((fp=fopen("result.txt","w"))==NULL)
 {
  printf("file created error.\n");
  exit(0);
 }
 while(strlen(gets(str))>0)      /* 读取字符串，输入空串时结束 */
 {
  fputs(str,fp);                 /* 写到文件 fp 中   */
  fputs("\n",fp);
 }
 fclose(fp);
}
```

【例 11-5】编程完成将文本文件 readme.txt 复制到 result.txt 中。

```
/*  e11_5.C   */
#include <stdio.h>
void main()
{
 FILE *fp1,*fp2;
 char str[20];
```

```
        if((fp1=fopen("readme.txt","r"))==NULL)
        {
         printf("file1 openned error.\n");
         exit(0);
        }
        if((fp2=fopen("result.txt","w"))==NULL)
        {
         printf("file2 created error.\n");
         exit(0);
        }
        while(fgets(str,20,fp1)!= NULL)      /* 读取文件 fp1 的内容到字符串 str 中 */
         fputs(str,fp2);                     /* 将字符串 str 写到文件 fp2 中   */
        fclose(fp1);
        fclose(fp2);
     }
```

3. 数据块读写函数

（1）文件数据块读函数 fread。fread 函数用来从指定文件中读取一个指定字节的数据块。它的一般调用形式为：

   fread(buffer,size,count,fp);

说明：buffer 为读入数据在内存中存放的起始地址；size 为每次要读取的字符数；count 为要读取的次数；fp 为文件类型指针。

功能：在 fp 指定的文件中读取 count 次数据项（每次 size 个字节）存放到以 buffer 所指的内存单元地址中。

注意：

1）当文件以二进制形式打开时，fread 函数就可以读取任何类型的信息。例如：

   fread(array,4,5,fp);

其中，array 为一个实型数组名，一个实型量占 4 个字节。该函数从 fp 所指的数据文件中读取 5 次 4 字节的实型数据，存储到数组 array 中。

2）fread()函数读取的数据块的总字节数应该是 size*count 个字节。正常操作时函数的返回值为读取的项数，出错时为-1。

（2）文件数据块写函数 fwrite。fwrite 函数用来将数据输出到磁盘文件上。它的一般调用形式为：

   fwrite(buffer,size,count,fp);

说明：buffer 为输出数据在内存中存放的首地址；size 为每次要输出到文件中的字节数；count 为要输出的次数；fp 为文件类型指针。

功能：将从 buffer 为首地址的内存中取出 count 次数据项（每次 size 个字节）写入 fp 所指的磁盘文件中。

注意：

1）当文件以二进制形式打开时，fwrite 函数就可以写入任何类型的信息。例如：

   fwrite(array,2,10,fp);

其中，array 为一个整型数组名，一个整型量占两个字节。该函数将整型数组中 10 个两字节的整型数据写入由 fp 所指的磁盘文件中。

2）与 fread()函数一样写入的数据块的总字节是 size*count 个字节。正常操作时返回值为写入的项数，出错时返回值为-1。

下面举例说明数据块读写函数的调用方法。

【例 11-6】编程从键盘输入 3 个学生的数据，将它们存入到文件 result.dat 中，然后再读出显示在屏幕上。

```c
/*  e11_6.C  */
#include <stdio.h>
#dedefine SIZE 3
struct student
{
   int no;
   char name[10];
   int age;
   char address[20];
}stud[SIZE],fout;
void student_save()
{
   int i;
   FILE *fp;
   if((fp=fopen("result.dat","wb"))==NULL)   /* 以二进制写方式打开文件 */
   {
      printf("file created error.\n");
      return;
   }
   for(i=0;i<SIZE;i++)                       /* 写学生的信息 */
   {
      if(fwrite(&stud[i],sizeof(struct student),1,fp) != 1)
      printf("file write error.\n");
   }
   fclose(fp);
}
void student_display()
{
   FILE *fp;
   int i;
   if((fout=fopen("result.dat","rb"))==NULL)  /* 以二进制读方式打开文件 */
   {
      printf("file openned error.\n");
      return;
   }
   printf("No.  Name  Age  Address\n");
   while(fread(&fout,sizeof(fout),1,fp))
      printf("%4d%-10s%4d%-20s",fout.no, fout.name, fout.age, fout.address);
   fclose(fp);
}
```

```
void main()
{
  int i;
  for(i=0;i<SIZE;i++)                    /*从键盘读入学生的信息（结构）*/
  {
    printf("Please input student %d:",i+1);
    scanf("%d%s%d%s",&stud[i].no, stud[i].name, &stud[i].age, stud[i].address);
  }
  student_save();
  student_display();
}
```

4. 格式化输入输出函数 fprintf 函数和 fscanf 函数

前面的章节介绍的 printf 函数和 scanf 函数适用于标准设备文件，读写对象是终端。fprintf 函数、fscanf 函数也是格式化读写函数，但读写对象是磁盘文件。

（1）格式化输入函数 fscanf。函数调用的格式为：

fscanf(fp,格式控制串,输入列表);

说明：fp 是指向要读取文件的文件型指针，格式控制串，输出列表同 scanf 函数。

功能：从 fp 指向的文件中，按格式控制串中的控制符读取相应数据赋给输入列表中对应的变量地址中。

例如：

```
fscanf(fp,"%d,%f",&a,&f);
```

该语句完成从指定的磁盘文件中读取 ASCII 字符，并按"%d"和"%f"格式转换成二进制形式的数据给变量 a,f。

（2）格式化输出函数 fprintf。函数调用的格式为：

fprintf(fp,格式控制串,输出列表);

说明：fp 是指向要写入文件的文件型指针，格式控制串，输出列表同 printf 函数。

功能：将输出列表中的各个变量或常量，依次按格式控制串中的控制符说明的格式写入 fp 指向的文件中。

用 fprintf 和 fscanf 函数对磁盘文件读写，使用方便，容易理解，但由于在输入输出时要进行 ASCII 码和二进制的转换，时间开销大，因此，在内存与磁盘频繁交换数据的情况下，最好不用 fprintf 和 fscanf 函数，而用 fread 和 fwrite 函数。

5. 其他读写函数

（1）（字）整数输入输出函数 getw 和 putw。putw 和 getw 用来对磁盘文件读写一个字（整数）。例如：

```
putw(100,fp);
```

它的作用是将整数 100 输出到 fp 所指的文件，而

```
i=getw(fp);
```

的作用是从磁盘文件中读一个整数到内存，赋给整型变量 i。

（2）读写其他类型数据。对于系统没有提供函数的和不能方便完成的读写操作，用户可以自定义读写函数，这样的函数具有很好的针对性。

例如，定义一个向磁盘文件写一个 float 型数（用二进制方式）的函数 putfloat:

```
putfloat(float f, FILE *fp)
{
   char *s;
   int i;
   s=&f;
   for(i=0;i<4;i++)
     putc(s[i],fp);
}
```

11.3 文件的定位

文件中有一个位置指针，指向当前读写的位置。顺序读写文件，每次读写一个字符，则读写完一个字符后，该位置指针自动移动指向下一个字符位置。

如果需要对文件进行随机读写时，就需要使用由 C 语言提供的文件定位函数来实现。

11.3.1 置文件位置指针于文件开头位置的函数 rewind

rewind()函数的一般调用形式为：

rewind(fp);

说明：fp 是指向由 fopen 函数打开的文件指针。

功能：使位置指针重新返回文件的开头，此函数没有返回值。

【例 11-7】有一磁盘文件 readme.txt，首先将其内容显示在屏幕上，然后把它复制到另一文件 result.txt 上。

```
/*  e11_7.C   */
#include "stdio.h"
void main()
{
 FILE *fp1,*fp2;
 if((fp1=fopen("readme.txt","r"))==NULL)
 {
  printf("file openned error.\n");
  exit(0);
 }
 if((fp2=fopen("result.txt","w"))==NULL)
 {
  printf("file created error.\n");
  exit(0);
 }
 while(!feof(fp1))
  putchar(fgetc(fp1));
 rewind(fp1);   /* 重置文件位置指针至文件头 */
 while(!feof(fp1))
  fputc(fgetc(fp1),fp2);
 fclose(fp1);
 fclose(fp2);
}
```

当第一次显示在屏幕上以后，文件 readme.txt 的位置指针已指到文件末尾，feof 的值为非 0（真）。执行 rewind 函数，使文件的位置指针重新定位于文件开头，并使 feof 函数的值恢复为 0（假）。

11.3.2 改变文件位置指针位置的函数 fseek

对于磁盘文件，顺序读写操作可以按照文件位置指针的自动下移来完成，但是需要随机读写时必须能控制文件位置指针的移动，将文件位置指针移到需要读写的位置上。C 语言提供的 fseek 函数就是用来改变文件位置指针的。

fseek 函数的调用形式为：

```
fseek(fp,offset, whence);
```

说明：fp 为指向当前文件的指针；offset 为文件位置指针的位移量，指以起始位置为基准值向前移动的字节数，要求 offset 为 long 型数据；whence 为起始位置，用整型常量表示，ANSI C 规定它必须是 0、1 或 2 之一值，它们表示 3 个符号常数，在 stdio.h 中定义如表 11-3 所示。

表 11-3　文件 whence 值

名字	值	起始位置
SEEK_SET	0	文件开头
SEEK_COR	1	文件当前位置
SEEK_END	2	文件末尾

功能：将文件位置指针移到由起始位置（whence）开始、位移量为 offset 的字节处。如果函数读写指针移动失败，返回值为-1。

fseek 函数一般用于二进制文件，因为文本文件要发生字符转换，计算位置时往往会发生混乱。

下面是 fseek 函数调用的几个例子：

```
Fseek(fp,100L,0);      /*将位置指针移到离文件头 100 个字节处*/
Fseek(fp,50L,1);       /*将位置指针移到离当前位置 50 个字节处*/
Fseek(fp,-20L,2);      /*将位置指针从文件末尾处向后退 20 个字节*/
```

注意偏移量为长整型，如 100L。

利用 fseek 函数就可以实现随机读写。

11.3.3 取得文件当前位置的函数 ftell

ftell 函数的作用是得到流式文件中的当前位置，用相对于文件开头的位移量来表示。由于文件中的位置指针经常移动，往往不容易辨清其当前位置。用 ftell 函数可以得到当前位置。如果 ftell 函数返回值为-1L，则表示出错。例如：

```
if(ftell(fp)==-1L)
    printf("error\n");
```

11.3.4 文件的错误检测

C 标准提供一些检测输入输出函数调用中的错误的函数。

1. 文件读写错误检测函数

在调用各种输入输出函数（如 fputc、fgetc、fread、fwrite 等）时，如果出现错误，则除了函数返回值有所反映外，还可以用 ferror 函数检查，它的一般调用形式为：

Ferror(fp);

如果 ferror 返回值为 0（假），则表示未出错。如果返回一个非 0 值，则表示出错。应该注意，对同一个文件，每一次调用输入输出函数，均产生一个新的 ferror 函数值，因此，应当在调用一个输入输出函数后立即检查 ferror 函数的值，否则信息会丢失。

在执行 fopen 函数时，ferror 函数的初始值自动置为 0。

2. 清除文件错误标志函数

clearerr 函数的作用是使文件错误标志和文件结束标志置为 0。假设在调用一个输入输出函数时出现错误，ferror 函数值为一个非 0 值。在调用 clearerr(fp)后，ferror(fp)的值变成 0。

只要出现错误标志，就一直保留，直到对同一文件调用 clearerr 函数或 rewind 函数，或者任何其他一个输入输出函数。

11.4 编译预处理

编译预处理是指在进行编译的第一遍扫描（词法扫描和语法分析）之前所作的工作。预处理是 C 语言的一个重要功能，它由预处理程序负责完成。当对一个源文件进行编译时，系统将自动引用预处理程序对源程序中的预处理部分作处理，处理完毕自动进入对源程序的编译，过程如图 11-2 所示。

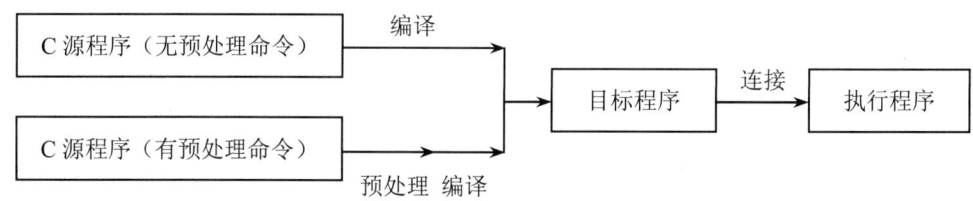

图 11-2 编译预处理的执行过程

C 语言提供了多种预处理功能，如宏定义、文件包含、条件编译等。合理地使用预处理功能编写的程序便于阅读、修改、移植和调试，也有利于模块化程序设计。

预处理的命令有以下几个特点：

（1）预处理命令均以#开头，结尾不加分号。

（2）预处理命令可以放在程序中任何位置，作用范围从定义处到文件结尾。

本章介绍常用的几种预处理功能。

11.4.1 宏定义

宏提供了用一个标识符来表示一个字符串的机制，实际上就是一种替换，有时称为宏替换。在编译预处理时，对程序中所有出现的"宏"，都用宏定义中的字符串去代换。宏定义由宏定义命令完成，宏代换是由预处理程序自动完成的。宏分为有参数和无参数两种。

1. 无参宏定义

无参宏的宏名后不带参数。其定义的一般形式为：

#define 标识符 字符串

说明：define 为宏定义命令，标识符为所定义的宏名，字符串可以是常数、表达式、格式串等。

【例 11-8】 计算圆的面积和周长。

```
/*   e11_8.C   */
#include <stdio.h>
#define PI  3.14159
void main()
{
    float s,l,r;
    printf("input r:");
    scanf("%f",&r);
    s=PI*r*r;
    l=2*PI*r;
    printf("s=%f,l=%f\n",s,l);
}
```

输入 5.2<回车>，程序的运行结果如图 11-3 所示。

```
input r:5.2
s=84.948586,l=32.672535
```

图 11-3　例 11-8 的运行结果

注意：

（1）宏定义是用宏名来表示一个字符串，在宏展开时又以该字符串取代宏名，这只是一种简单的代换，字符串中可以含任何字符，可以是常数，也可以是表达式，预处理程序对它不作任何检查。如有错误，只能在编译已被宏展开后的源程序时发现。

（2）宏定义不是说明或语句，在行末不必加分号，如果加上分号则连分号也一起置换。

（3）宏定义必须写在函数之外，其作用域为宏定义命令起到源程序结束。如要终止其作用域可使用#undef 命令，例如：

```
# define PI  3.14159
void  main()
{
  ①
}
# undef PI
 ②
```

PI 只在①中有效，在②中无效。

（4）宏名在源程序中若用引号括起来，则预处理程序不对其作宏代换。

```
#define PI 3.14159
void main()
{
    Printf("PI");
```

```
    ...
}
```
程序的运行结果为：PI，而不是 3.14159。

（5）宏定义允许嵌套，在宏定义的字符串中可以使用已经定义的宏名。在宏展开时由预处理程序层层代换。例如：

```
#define PI 3.14159
#define S PI*y*y    /* PI 是已定义的宏名*/
```

（6）习惯上宏名用大写字母表示，以便于与变量区别。

2. 带参宏定义

格式：

```
#define 标示符(形参表)形参表达式
```

例如：

```
#define  MAX(a,b)    (a>b)?(a):(b)
```

进行宏替换时，可以像使用函数一样，通过实参与形参传递数据。

【例 11-9】计算 1 到 10 的平方和。

```
/*  e11_9.C  */
#include <stdio.h>
#define FUN(a)   a*a
void main()
{
    int i;
    int s=0;
    for(i=1;i<=10;i++)
     s=s+FUN(i);
    printf("%d\n",s);
}
```

程序的运行结果如图 11-4 所示。

385

图 11-4　例 11-9 的运行结果

注意：

（1）宏名和括号之间不能有空格。

（2）有些参数表达式必须加括号，否则会出现替换错误，例如：

```
#define S(x)     x*x
```

则 S（5+6）并不是 11 的平方，而是：5+6*5+6 结果为 41。

而如果宏定义为：

```
#define S(x)     (x)*(x)
```

S(5+6)就会被替换为：(5+6)*(5+6)从而符合设计的要求了。这样的问题在无参宏定义时也要注意：

- 函数要求实参与形参类型一致，而宏替换不需要。
- 函数只有一个返回值，而宏替换可能有多个。
- 函数影响运行时间，而宏替换只影响编译时间。

11.4.2 文件包含

文件包含是把指定的文件插入该命令行位置取代该命令行。
命令的一般形式为：

  `#include <文件名>`　　　　格式1

或

  `#include "文件名"`　　　　格式2

例如：

  `#include "stdio.h"`
  `#include "math.h"`

注意：

（1）使用格式 1 时，预处理程序在 C 编译系统定义的标准目录下查找指定的文件。

（2）使用格式 2 时，预处理程序首先在当前源文件所在目录下查找指定文件，如没找到，则在 C 编译系统定义的标准目录下查找指定的文件。

（3）一个 #include 命令只能包含一个文件，而且必须是文本文件。

（4）文件包含可以嵌套，如 a 包含 b 且 b 包含 c。

文件包含在程序设计中非常有用，像 C 语言中的头文件，其中定义了很多外部变量或宏，在设计程序时只要包含进来就可以了，不需要重复定义，节省了工作量，又可以避免出错。

11.4.3 条件编译

预处理程序提供了条件编译的功能。可以按不同的条件去编译不同的程序部分，因而产生不同的目标代码文件。这对于程序的移植和调试是很有用的。

条件编译有 3 种形式，下面分别介绍。

（1）第一种形式：

  `#ifdef 标识符`
    `程序段 1`
  `#else`
    `程序段 2`
  `#endif`

功能：如果标识符已被 #define 命令定义过则对程序段 1 进行编译；否则对程序段 2 进行编译。如果没有程序段 2（它为空），本格式中的 #else 可以没有，即可以写为：

  `#ifdef 标识符`
    `程序段`
  `#endif`

例如下面的程序段。

【例 11-10】条件编译示例。

```
/*  e11-10.C  */
#include <stdio.h>
#define NUM 2008
struct student
{
```

```
        int no;
        char *name;
        char sex;
        float score;
    } *s;
    void main()
    {
        s=(struct student *) malloc(sizeof(struct student));
        s->no=102;
        s->name="Zhang ping";
        s->sex='M';
        s->score=62.5;
        #ifdef NUM
            printf("Number=%d\nScore=%f\n",s->no,s->score);
        #else
            printf("Name=%s\nSex=%c\n",s->name,s->sex);
        #endif
        free(s);
    }
```

程序的运行结果如图 11-5 所示。

```
Number=102
Score=62.500000
```

图 11-5 例 11-10 的运行结果

程序根据 NUM 是否被定义过来决定编译哪一个 printf 语句。而在程序的第一行已对 NUM 作过宏定义，因此应对第一个 printf 语句作编译故运行结果是输出了学号和成绩。在程序的第一行宏定义中，定义 NUM 表示数值 2008，其实并没有使用，只是作为条件编译的判断条件。可以为任何数值，也可以没有，如#define NUM 也具有同样的意义。只有取消程序的第一行才会去编译第二个 printf 语句。

如果删除#define 命令，程序的运行结果如图 11-6 所示。

```
Name=Zhang ping
Sex=M
Press any key to continue
```

图 11-6 修改例 11-10 后的运行结果

（2）第二种形式：
```
#ifndef 标识符
    程序段 1
#else
    程序段 2
#endif
```
与第一种形式的区别是将 ifdef 改为 ifndef。它的功能是，如果标识符未被#define 命令定义过则对程序段 1 进行编译，否则对程序段 2 进行编译。这与第一种形式的功能正相反。
　　（3）第三种形式：
```
#if 常量表达式
    程序段 1
#else
    程序段 2
#endif
```
　　功能：如常量表达式值为真（非 0），则对程序段 1 进行编译，否则对程序段 2 进行编译。
　　上面介绍的条件编译当然也可以用条件语句来实现。但是用条件语句将会对整个源程序进行编译，生成的目标代码程序很长，而采用条件编译，则根据条件只编译其中的程序段 1 或程序段 2，生成的目标程序较短。如果条件选择的程序段很长，采用条件编译的方法是十分必要的。

11.5　程序举例

　　【例 11-11】将文件 readme.txt 中所有大写字母改写成小写字母后保存，文件中其他字符不变。程序如下：

```
/*  e11-11.C   */
#include "stdio.h"
#include "stdlib.h"
#include "ctype.h"
void main()
{
   FILE *fp;
   char ch;
   if((fp=fopen("readme.txt","r+"))=NULL)
   {
     printf("can not rewrite.\n");
     exit(0);
   }
   while((ch=fgetc(fp))!=EOF)
   if(isupper(ch)!=0)       /*当读取字符为大写时*/
   {
     fseek(fp,-1L,1);       /*将位置指针前移一个位置*/
     ch=tolower(ch);        /*改写成小写字母*/
     fputc(ch,fp);          /*将小写字母写入文件*/
     fseek(fp,-1L,1);       /*再将位置指针前移一个位置*/
   }
   fclose(fp);
}
```

　　该程序按命令行参数输入磁盘文件名，程序运行后该磁盘文件中所有大写字母均改写成了小写字母。
　　【例 11-12】编写程序，实现将命令行中指定的文本文件的内容追加到另一个文件之后。

```
/*  e11-12.C   */
#include <stdio.h>
void main(int argc ,char argv[])
{
   FILE *fp1,*fp2;
   int ch;
   if(argc !=3 )
   {
     printf("Usage: Command Filename1 Filename2\n");
     exit(0);
   }
 if((fp1=fopen(argv[1], "r")) == NULL)
 {
   printf("Can not open file %s\n",argv[1]);
   exit(1);
 }
 if((fp2=fopen(argv[2], "a")) == NULL)
 {
   printf("Can not open file %s\n",argv[2]);
   exit(1);
 }
 fseek(fp2,0L,SEEK_END);
 while((ch=fgetc(fp1)) != EOF)
   fputc(ch,fp2);
 fclose(fp2);
 fclose(fp1);
}
```

【例 11-13】阅读下面的程序，考察运行结果。

```
/*  e11-13.C   */
#include <stdio.h>
#define Tap(X) 2*X+1
void main()
{
   int a=6,k=2,m=1;
   a+=Tap(k+m);
   printf("%d\n",a);
}
```

程序的运行结果如图 11-7 所示。

本题主要考察关于带参宏定义的理解，Tap(k+m)宏替换后为 2*2+1+1，而不是 2*(2+1)+1。

由于 k+m 外没有括号，所以替换后的结果并非设计者的本意，本题答案显然是 12，而不是 13。

12

图 11-7　例 11-13 的运行结果

本章小结

文件是 C 语言的重要内容。C 语言通过库函数操作文件，而很多程序语言都有专门的文件操作语句，这一点 C 语言具有自己的特点。

本章的主要内容包括：

（1）文件的基本概念，包括分类、输入输出基本概念、文件的基本操作形式及特点、文件类型指针等。

（2）常用的文件操作库函数，包括 fopen、fclose、fgetc、fputc、fgets、fputs、fread、fwrite、fprintf、fscanf、feof、ferror、clearerr、fseek、rewind、ftell 等。

（3）文件操作的基本算法，包括读写文本文件和二进制文件、追加操作等。

（4）文件的顺序读写和随机读写。

（5）编译预处理的过程和常见的编译预处理命令，包括宏定义、文件包含和条件编译。

学习和掌握本章的内容，首先要搞清楚文件的组织形式，在学会打开和关闭的操作后，逐渐学会如何读写文件的内容，以及结合实际的需求对文件进行各种形式的操作，在这些操作中，关键要控制文件指针的位置，这样才能实现正确的读写操作；另外不同形式的读写函数在不同场合具有不同的效能，需要根据实际选用。

编译预处理放在本章的后面，主要是考虑到文件包含和编译对文件的影响，对于其中宏定义的掌握需要从概念上认真把握并结合实验来体会。

习题十一

一、选择题

1. 在进行文件操作时，读文件的含义是（   ）。
   A．将磁盘中的文件信息存入计算机的 CPU
   B．将磁盘中的文件信息存入计算机的内存
   C．将磁盘中的文件信息显示在屏幕上
   D．将计算机内存中的信息存入磁盘文件中
2. C 语言中标准输出文件 stdout 是指（   ）。
   A．键盘   B．显示器   C．鼠标   D．硬盘
3. C 语言可以处理的文件类型是（   ）。
   A．文本文件和数据文件   B．数据文件和二进制文件
   C．文本文件和二进制文件   D．以上答案都不完整
4. 读写操作时需要进行转换的文件类型是（   ）。
   A．文本文件   B．二进制文件
   C．二者都需要转换   D．二者都不需要转换
5. 以读写方式打开一个已有的文件 file1，下面有关 fopen 函数正确的调用方式为（   ）。

A．FILE *fp;fp=fopen("file1";,f'); B．FILE *fp;fp=fopen("file1","r+");
C．FILE *fp;fp=fopen("file1","rb"); D．FILE *fp;fp=fopen("file1","rb+");

6．在 C 程序中，可把整型数以二进制形式存放到文件中的函数是（   ）。
 A．fprintf 函数   B．fread 函数
 C．fwrite 函数   D．fputc 函数

7．若 fp 是指向某文件的指针，且已读到此文件末尾，则库函数 feof(fp)的返回值是（   ）。
 A．EOF   B．0   C．非零值   D．NULL

8．在 C 语言中，用 w+方式打开一个文件后，可以执行的文件操作是（   ）。
 A．可任意读写   B．只读   C．只能先写后读   D．只写

9．当顺利执行了文件关闭操作时，fclose 函数的返回值是（   ）。
 A．0   B．True   C．-1   D．1

10．下列关于文件描述正确的是（   ）。
 A．对文件操作必须先打开文件
 B．对文件操作必须先关闭文件
 C．对文件操作打开和关闭的顺序无关紧要
 D．对文件操作打开和关闭的顺序要看是读还是写操作

11．下列语句中，不能将文件型指针 fp 指向的文件内部指针置于文件头的语句是（   ）。
（注：假定能正确打开文件）
 A．fp=fopen("abc.dat","w")   B．rewind(fp)
 C．feof(fp)   D．fseek(fp,0L,0)

12．fread 和 fwrite 函数常用来要求一次输入输出（   ）数据。
 A．一个整数   B．一个实数   C．一个字节   D．一组

13．判断二进制文件的结束方式是（   ）。
 A．fgetc(fp)== EOF   B．fgetc(fp)!= EOF
 C．feof(fp)== 0   D．feof(fp)!= 0

14．若要打开 C 盘上 user 子目录下名为 readme.txt 的文本文件进行读、写操作，则正确的语句是（   ）。
 A．fopen("C:\user\readme.txt","r")
 B．fopen("C:\\user\\abc.txt","r+")
 C．fopen("C:\user\readme.txt","rb")
 D．fopen("A:\\user\\readme.txt","w")

15．函数调用语句 fseek(fp,10,1)的含义是（   ）。
 A．将文件指针移到距离文件头 10 个字节处
 B．将文件指针移到距离文件尾 10 个字节处
 C．将文件指针从当前位置后移 10 个字节
 D．将文件指针从当前位置前移 10 个字节

16．下列程序执行后的输出结果是（   ）。

```
#include <stdio.h>
#define  M(x)   x*(x+1)
void main()
{
   int a=2,b=3;
   printf("%d \n",M(1+a+b));
}
```
  A．6   B．8   C．24   D．42

17．假设 myfile.c 在当前源程序 test.c 所在目录 d:\user 下，则 test.c 中可以使用的正确的文件包含命令是（　　）。

  A．#include <myfile.c>   B．#include "myfile.c"

  C．#include "myfile.c" ;   D．#include myfile.c

18．条件编译和 if 语句的根本区别是（　　）。

  A．条件编译不能处理复杂的关系或逻辑表达式，而 if 语句可以

  B．条件编译必须在 if 前加上#号，而且需要有 endif 配合，而 if 语句比较简单一点

  C．条件编译在编译前处理完成，而 if 语句则在编译后执行

  D．二者差不多，没什么大的区别

二、填空题

1．在 C 语言中，数据可以用＿＿＿＿和＿＿＿＿两种形式的代码存放。

2．假设文件指针指向 readme.txt 文本文件，将字符变量 ch 输入到该文件中的命令语句主要有＿＿＿＿、＿＿＿＿和＿＿＿＿。

3．对于文本文件判断文件尾的方法是＿＿＿＿，而二进制文件判断文件尾的方法却是＿＿＿＿。

4．宏在编译预处理的时候将被＿＿＿＿。

三、编程题

1．设计程序将 26 个大写英文字母按顺序写入文件 result.txt 中。

2．键盘输入 5 个字符（ABCDE），以字符"#"结束输入，并用 fputc 函数将它们输出到文件（result.txt）。请不要定义其他变量或数组。

3．已知结构数组：
```
struct student
{  char name[10];
   int age;
   char address[20];
   char tel[20];
}stud[5];
```
设计程序输入 5 位同学的信息到文件 result.txt 中，然后读出显示在屏幕上。

4．设计程序统计文本文件 readme.txt 中 the 的个数。

第 12 章　面向对象及 C++简介

本章学习目标

- 了解 C++语言的发展
- 了解面向对象程序设计方法的基本概念
- 掌握 C++的程序结构

12.1　C++概述

12.1.1　C++语言的发展

C++是从 C 语言发展演变过来的，是 C 语言的超集。

1972～1973 年美国贝尔实验室的 Denis Ritchie 改造了 Ken Thompson 设计的 B 语言，命名为 C 语言，并重写了 UNIX 系统的内核。此后 C 语言迅速成为应用最为广泛的系统设计语言。

C 语言由于自身的原因，开发大型程序比较困难，对类型检查和代码重用缺少支持。1983 年，贝尔实验室的 Bjarne Stroustrup 博士及其同事对 C 语言进行改进和扩充，引入类、运算符重载、引用、虚函数等概念，这就是 C++语言。1989 年推出 AT&T C++ 2.0 版。随后经过 ANSI 和 ISO 的标准化，并于 1998 年正式发布 C++语言国际标准 ISO/IEC:98-14882，各软件商都支持该标准，并有不同程度的拓展。

C++支持面向对象的程序设计方法，特别适合大中型软件开发项目。无论开发效率、软件的可重用性、可扩充性、可维护性和可靠性都具有很大的优越性。由于对 C 语言的完全兼容，很多 C 语言程序可以不经修改就可以被 C++编译通过。

表 12-1 列出了各版本中 C++语言所添加的一些新特性。

表 12-1　C++支持的新特性

版本	年份	在 C 语言基础上添加的新特性
带类的 C	1980	类和派生类、公有成员和私有成员、构造函数和析构函数、友元、内联函数、赋值运算符的重载
C++ 1.0	1985	虚函数、函数运算符的重载、引用、const 常量
C++ 2.0	1989	类的保护成员、多重继承、赋值和初始化的递归定义、抽象类、静态成员函数、const 成员函数
C++ 3.0	1993	模板、异常、类的嵌套、名字空间

C++就是这样在不断的发展和完善中走过了 20 多年的历史。至今，它仍然是一种充满

活力的程序设计语言。目前主要使用的有 Borland 公司的 Borland C++、Microsoft 公司的 Visual C++等，本章主要基于目前流行的 Visual C++ 6.0。

12.1.2 C++语言的特点

在众多的高级程序设计语言中，C++能够取得成功的原因在于它有着许多与众不同的优点，此突出的特点主要体现在：

（1）C++是 C 语言的超集。

所谓"C++是 C 语言的超集"是指 C++中包含 C 语言的全部语法特征。因此，每一个用 C 语言编写的程序都是一个 C++程序。C++语言的设计宗旨就是在不改变 C 语言语法规则的基础上扩充新的特性。

实际上，能够很好地兼容 C 语言正是 C++取得成功的原因之一，这是因为：
- C++继承了 C 语言简明、高效、灵活等众多优点。
- 以前使用 C 语言编写的大批软件可以不加任何修改，直接在 C++开发环境下维护。
- C 语言程序员只需要学习 C++扩充的新特性，就可以很快地使用 C++编写程序。

（2）C++是一种面向对象的程序设计语言。

C++语言支持几乎所有的面向对象程序设计特征。可以说，C++语言集中体现了近 20 年来在程序设计和软件开发领域出现的新思想和新技术，这主要包括：
- 抽象数据类型。
- 封装和信息隐藏。
- 以继承和派生方式实现程序的重用。
- 以运算符重载和虚函数来实现多态性。
- 以模板来实现类型的参数化。

（3）C++具有很好的通用性和可移植性。

C++语言是一种标准化的、与硬件基本无关的、广泛使用的程序设计语言，继承了 C 语言灵活、高效的优点，具有很好的通用性和可移植性。

（4）C++具有丰富的数据类型和运算符，并提供了功能强大的函数库。

由于具有上述特点，C++已经开始取代 C 语言，被广泛地应用于各种领域的程序设计工作中。实践表明，对于中型和大型程序的开发工作，使用 C++的效果比 C 语言好得多。C++正在从软件的可靠性、可重用性、可扩充性、可维护性等方面体现出它的优越性。

12.1.3 面向对象程序设计概述

面向对象程序设计（Object-Oriented Programming，OOP）是 20 世纪 80 年代发展起来的一种程序设计方法。它通过模拟现实世界中的事物和关系，利用抽象、分类、归纳等方法来构造软件系统。

在面向对象程序设计出现之前，人们一直采用结构化程序设计（Structured Programming，SP）来解决实际问题。结构化程序设计是面向过程的，其主要思想是将功能分解并逐步求精。按照结构化程序设计的要求，当需要解决一个复杂的问题时，首先应将它按功能划分为若干个小问题，每个小问题又可以按功能划分为若干个更小的问题，依此类推，直到最低一层的问题较容易用程序实现为止；然后将所有的小问题全部解决并把它们组合起来，复杂的问题就迎刃而解了。然而到了20世纪80年代末，随着所要开发程序规模的增大，结构化程序设计的一些缺点就显得越来越突出，这主要表现为：

（1）数据和算法的一致性差。在结构化程序设计中，数据与处理数据的算法是相互分离的。当数据量增大时，程序会变得越来越难理解。如果根据需要而改变某一项数据时，处理此数据的所有算法都要作相应的修改，这就很容易使算法与数据出现不一致的现象，从而使程序难以修改和维护。

（2）程序的可重用性差。结构化程序设计并不支持可重用性，这就使得程序员在开发软件时每次都从零做起，重复着许多同样的工作。如果在程序设计中可重用性高，那么在很大程度上可以减少人力和物力的浪费。例如在电子技术中，要实现某种功能往往有标准的元器件供选择，而不需要自己去设计发明。这就体现出了可重用的思想，即某种通用功能由事先设计好的标准部件来实现。

针对结构化程序设计在开发管理大型系统方面面临的困难，从20世纪70年代开始，程序设计人员便开始追求实现"数据抽象"的概念，经过不断地研究和改进，于1980年推出了商品化的 Smalltalk-80。这种程序设计语言引入了对象、类、方法等概念，引入了动态联编和继承机制，它标志了面向对象的编程语言已经建立了较为完整的概念和理论体系，也为解决大型软件管理，提高软件可靠性、可重要性、可扩充性和可维护性提供了有效的手段和途径。随后又逐渐推出了多种面向对象的程序设计语言，C++便是其中应用最为广泛的一种。

1. 面向对象程序设计的基本概念

（1）对象。

实体是指客观存在的事物，而对象是指现实世界中无所不在的各式各样的实体。每一个实体都有一些特定的属性和行为，在面向对象的程序设计中将该实体的属性（数据）和行为（操作数据的函数）封装在一个整体里；每一个实体都有一个所属的类，在该类中还有许多其他的不同实体，因此在建立对象时，必须给对象赋予唯一的标识符，用来标识该对象。

例如，一辆汽车可以用型号、颜色、载重量、行驶速度等信息进行描述，这些都是这辆汽车的属性；而开动汽车使它前进、后退、左转、右转等，都是对汽车状态的操作。这样，全部属性和操作的集合就定义了这种汽车的类型。

（2）类。

类是对一组对象共同具有的属性和行为进行的抽象，它提供了一个具有特定功能的模块和一种代码共享的手段。

类将数据的结构和对数据的操作封装在一起，实现了类的外部特性和类的内部实现相隔离。类的内部实现细节对用户来说是隐藏的，用户只需了解类的外部特性，而不必关心内部实现的具体细节。

类具有层次性，即一个类的上层可以有父类，下层可以有子类，一个类继承其父类的所有特性，且这种继承具有传递性。

类和对象是面向对象程序设计的基础，是实现数据抽象和封装的工具。类是对一组对象的抽象，而对象则是类的一个实例。比如，我们将颜色不同、品种不同、会"汪汪"叫的四足动物称为狗，即狗是一个类，而马戏团的那只白色的斑点狗则就是狗类的一个对象。在程序中，从语法上来看，类和对象的关系相当于数据类型和变量的关系。

（3）消息。

消息是向某对象请求服务的一种表达方式，如果用户或其他对象向该对象提出服务请求，便可以称为向该对象发送消息。在面向对象的程序中，程序执行是靠对象之间传递消息来完成的。消息实现了对象与外界、对象与其他对象之间的联系，消息传递一般由如下部分组成：

- 接收消息的对象，又被称为目标对象。
- 请求对象的方法。
- 一个或多个参数。

（4）方法。

方法是一个类似于过程的实体，是对某个对象接受了某一消息后所采取的一系列操作的描述。

2. 面向对象程序设计的特点

（1）封装性。

封装性是指将数据和算法捆绑成一个整体，这个整体就是对象，描述对象的数据被封装在其内部。如果需要存取数据，可以通过对象提供的算法来进行操作，而无须知道内部的数据是如何表示和存储的。例如，使用者不必知道一台电视机内部电路的具体构造和工作原理，就可以用它来收看电视节目。封装性和数据隐藏从根本上解决了结构化程序设计中数据和算法一致性差的问题。

C++语言通过建立用户定义类型——类，来支持封装性和信息隐藏。用户定义的类一旦建立，就可看成是一个完全封装的实体，可以作为一个整体单元来使用。类的内部数据表示被隐藏起来，类的用户不需要知道类内数据的表示方法，只需要执行类对外提供的算法，就可以完成某项功能。

（2）继承性。

继承性是指一种事物保留了另一种事物的全部特征，并且具有自身的独有特征。例如，建筑工程师已经设计出了一座普通楼房的图纸，后来又需要设计办公楼和居民楼。这时，可以有两种选择：一是从零开始，分别重新设计办公楼和居民楼；二是在普通楼房图纸的基础上分别添加新的功能，使它成为办公楼和居民楼。当然我们不想总是从头做起，因为办公楼和居民楼都属于楼房，它们都具有楼房的全部特征。既然已经成功地设计出普通楼房的图纸，就不必再费力劳神地重复设计普通楼房了。实际上，工程师在设计具有新功能的楼房时，重复地使用着普通楼房的概念。这种思想被称为可重用。可见，利用继承性可以很好地解决结构化程序设计中可重用性差的问题。

C++语言采用继承来支持重用，程序可以在现有类型的基础上扩展功能来定义新类型。新类型是从现有类型中派生出来的，因此被称为派生类。

（3）多态性。

多态性是指当多种事物继承自一种事物时，同一种操作在它们之间表现出不同的行为。例如，在一个使用面向对象思想编写的绘图程序中可能含有 4 种类型的对象，它们分别用于表示抽象概念——形状和具体概念——三角形、矩形、圆形。其中三角形、矩形、圆形对象都继承了形状对象的全部特征，并且三者都有一个名为"显示"的操作。但当用户对这 3 种不同的具体形状分别执行"显示"操作时，会在屏幕上得到 3 种不同的图案，这就是多态性。C++语言中使用函数重载、模板、虚函数等概念来支持多态性。

C++语言主要包括面向过程和面向对象两部分内容。其中面向过程部分可以看成是功能增强的 C 语言，而面向对象部分是 C 语言中所没有的，它是 C++支持面向对象程序设计的主体。要学习面向对象程序设计，首先必须具有面向过程语言的基础。所以，有了 C 语言基础，再学习 C++也相对容易一些。当然在学习 C++之前，也可以不先学 C 语言。

12.2　C++程序结构

为了便于理解，我们先来看几个简单的 C++程序，然后介绍 C++程序的基本结构。

12.2.1　几个简单的 C++程序

【例 12-1】一个最简单的 C++程序。

```
//el2-1.cpp
#include <iostream.h>
int main()
{
  cout <<"This is a simple C++ program.\n";
  return 0;
}
```

该程序经过编译、连接、运行后，屏幕上显示：This is a simple C++ program.

本程序虽然只有 7 行，但它却包含了每一个 C++程序都要具备的几个基本组成部分。现对它逐行进行解释：

第一行：// el2_1.cpp

//用于注释一行，类似于/*…*/。C++源程序文件以.cpp 为扩展名。

第二行：# include <iostream.h>

预处理的包含头文件命令。iostream.h 是一个 C++标准头文件，其中定义了一些输入输出流对象，类似于 stdio.h 文件。

第三行：int main()

主函数的声明。主函数是所有 C++程序开始执行的入口。无论主函数处于程序中的什么位置，其中的代码总是最先被执行。按照 C++语言的规定，每个程序都必须有且仅有一个主函数，主函数的名称必须为 main。

第四、七行：在主函数 main 的声明之后用花括号"{}"括起来的是函数主体部分。

第五行：cout <<"This is a simple C++ program.\n";

cout 是 C++中的标准输出流对象，"<<"是输出操作符，二者完成向屏幕上输出一行字符串。

第六行：return 0;

返回语句，对于 main 而言表示程序结束。在 C++标准中本行可以省略。

【例 12-2】在屏幕上输出一个由*号组成的三角形。

```
//el2-2.cpp
#include <iostream.h>
void drow(int num);     //函数原型声明
```

```
        void main()
        {
           int num=5;                //定义并初始化变量
           drow(num);                //函数的调用
        }
        void drow(int num)          //函数的定义
        {
           for(int i=0;i<num;i++)    //循环语句
           {
              for(int j=0;j<=i;j++)
                 cout<<"*";
              cout<<endl;
           }
        }
```

【例 12-3】用类的概念改写上例。

```
/e12-3.cpp
#include <iostream.h>
class DrowArroy                       //定义一个类
{
   public:
      void Drow(int num);             //声明类的公有成员函数
};
void DrowArroy :: Drow (int num)      //成员函数的实现
{
   for(int i=0;i<num;i++)             //循环语句
   {
      for(int j=0;j<=i;j++)
      cout<<"*";
      cout<<endl;
   }
}
void main()
{
   int num=5;                         //定义并初始化变量
   DrowArroy myDrow;                  //定义类的一个对象
   myDrow.Drow(num);                  //调用此对象的成员函数
}
```

本程序的作用和上例一样，但它引用了类的概念，是真正的面向对象的 C++ 程序。

12.2.2 C++程序的基本组成

从上面的几个例子可以看出，一个 C++ 程序往往是由预处理命令、语句、函数、变量对象、输入和输出以及注释等几个基本部分组成。

1. 预处理命令

C++中提供了 3 类预处理命令：宏定义命令、文件包含命令和条件编译命令。每一个以符号"#"开头的行都是预处理命令。

2. 语句

语句是组成程序的基本单元，它可以是用来判断的条件语句或反复执行的循环语句等。它们是 C++的重要部分之一。

3. 函数

一个 C++程序是由若干函数组成的。同 C 语言一样，这些函数有些是系统提供的库函数，用户也可自己编制设计函数。但不管有多少个函数，按照 C++语言的规定，每个程序都必须有且仅有一个主函数，主函数的名称必须为 main。且无论主函数处于程序中的什么位置，其中的代码总是最先被执行。

4. 变量对象

大多数程序离不开变量和对象。变量的类型很多，C++中的数据类型有：

对象在 C++语言中通常是指"类"的实例。如 myDrow 是类 DrowArroy 的对象。

5. 输入和输出

在 C 语言中，数据的输入和输出主要是通过调用函数 scanf()、printf()、getchar()、putchar()等实现的。C++对数据的输入和输出进行了扩充，引入了标准设备 cin（代表键盘）和 cout（代表显示器）。

6. 注释

C++中提供了"行"和"块"两种注释方法。行注释的内容从双斜杠"//"开始到本行末尾结束，例如"// exl2_1.cpp"就是行注释；块注释的内容从符号"/*"开始到符号"*/"结束。

12.2.3 数据的输入和输出

C++增加了标准输入输出流 cout 和 cin。cout 是由 c 和 out 两个单词组成的，代表 C++的输出流，cin 是由 c 和 in 两个单词组成的，代表 C++的输入流。它们是在头文件 iostream.h 中定义的。在程序中使用 cout 和 cin 之前，应首先加入预处理命令：# include <iostream.h>。

在键盘和显示器上的输入输出称为标准输入输出，标准流是不需要打开和关闭文件即可直接操作的流式文件。C++预定义的标准流如表 12-2 所示。

表 12-2 C++预定义的标准流

流名	含义	隐含设备
cin	标准输入	键盘
cout	标准输出	屏幕
cerr	标准出错输出	屏幕
clog	cerr 的缓冲形式	屏幕

1. 输出流 cout

格式：cout<<表达式 1<<表达式 2<<…<<表达式 n;

功能：将各表达式的值按系统自动决定的格式顺序输出到显示器上。

说明：

（1）在 C++中将数据送到输出流称为"插入"或"放到"。<< 在这里不作为位运算的左移运算符，而常称为"插入运算符"；

（2）各表达式的类型可以是任意的，如：

```
float a=3.45;
int b=5;
char c='A';
cout<<"a="<<a<<","<<"b="<<b<<","<<"c="<<c<<endl;
```

（3）可以在一个输出语句中使用多个运算符<< 将多个输出项插入到输出流 cout 中，<<运算符的结合方向为自左向右，但要注意每输出一项要用一个<<符号，不能写成 cout<<a,b,c,"A"; 形式。

（4）可以使用表 12-3 中的格式控制符控制数据的输出格式（其中使用 setw()、setfill()、setprecision()应加入预处理命令：

```
# include <iomainip.h>
```

表 12-3 常用格式控制符

格式控制符	说明	语句	结果
endl	输出换行符，同'\n'	cout<<123<<endl<<456	123 456
dec	十进制表示	cout<<dec<<123	123
hex	十六进制表示	cout<<hex<<123	7b
oct	八进制表示	cout<<oct<<123	173
setw(int n)	设置数据输出的宽度	cout<<'a'<<setw(4)<<'b';	a b（中间有3个空格）
setfill(int n)	设置填充字符	cout<<setfill('*')<<setw(6)<<123;	***123
setprecision(int n)	设置浮点数输出的有效位数	cout<<setprecision(5)<<123.456	123.46

2. 输入流 cin

格式：cin>>变量 1>>变量 2>>…>>变量 n;

功能：接收从键盘输入的数据并依次送入各变量中。

说明：

（1）在 C++中，这种输入操作称为"提取"或"得到"。>>常称为"提取运算符"。

（2）各变量可以是任意数据类型，输入时各个数据之间用空格、Tab 键或回车键分隔。例如：

```
int  a;
float b;
```

（3）cin>>a>>b;   //输入一个整数和一个实数。注意不要写成 cin>>a,b;

可以从键盘输入：20 32.45（数据间以空格分隔）

a 和 b 分别获得值 20 和 32.45。

【例 12-4】cin 与 cout 一起使用。

```
// e12-4.cpp
# include <iostream.h>
void main()
{
    cout<<"please enter your name and age: "<<endl;
    char name [10];
    int age;
    cin>>name;
    cin>>age;
    cout<<"your name is "<<name<<endl;
    cout<<"your age is"<< age<<endl;
}
```

程序的运行结果如图 12-1 所示。

```
please enter your name and age:
wangping
20
your name is wangping
your age is 20
```

图 12-1 例 12-4 的运行结果

注意：程序中对变量的定义放在执行语句之后。C 语言是不允许这样的，它要求声明部分必须在执行语句之前。而 C++允许对变量的声明放在程序的任何位置（但必须在使用该变量之前）。

本章小结

本章主要介绍 C++语言的基本知识与基本概念，通过本章的学习使大家对 C++有一个直观的了解，并能借助它实现一个简单程序的编辑、编译、链接、运行和调试。

C++是以 C 语言为基础发展起来的一种高级程序设计语言。C++语言的一个重要特点是它对面向程序设计提供了完整的支持。面向对象程序设计克服了结构化程序设计中数据和算法相分离的缺点。封装性、继承性和多态性是面向对象思想的主要特征。

C++同时支持结构化和面向对象两种程序设计的基本框架。在 C++的结构化程序设计框架中,函数是程序的基本组成单元;在 C++的面向对象程序设计框架中,类是程序的基本组成单元。

由于 C++加入了类的技术,所以对于类的学习和掌握是发挥 C++能力的关键,类使得程序的重用性得到极大的提高,也方便了程序的维护。本章只是抛砖引玉,读者在学完本书后,再学习 C++和其他门类语言就有了很好的基础。

习题十二

一、选择题

1. C++语言是以( )语言为基础逐渐发展演变而成的一种程序设计语言。
    A．Pascal   B．C
    C．B   D．Simula 67
2. 下面关于 C 语言与 C++关系的说法中,错误的是( )。
    A．C++是 C 语言的超集
    B．C++对 C 语言进行了扩充
    C．C++包含 C 语言的全部语法特征
    D．C++与 C 语言都是面向对象的程序设计语言
3. 在 C++中,实现封装性需要借助于( )。
    A．枚举   B．类
    C．数组   D．函数
4. 面向对象程序设计思想的主要特征中不包括( )。
    A．继承性   B．封装性
    C．多态性   D．功能分解,逐步求精
5. 下列关于 C++类的描述中错误的是( )。
    A．类用描述事物的属性和对事物的操作
    B．类与类之间通过封装而具有明确的独立性
    C．类与类之间必须是平等的关系,而不能组成层次的关系
    D．类与类之间可以通过一些手段进行通信和联络
6. 在 Visual C++ 6.0 的集成开发环境中,打开一个项目,只需打开对应的项目工作区文件,项目工作区文件的扩展名是( )。
    A．.obj   B．.dsp
    C．.dsw   D．.cpp
7. 每个 C++程序都必须有且仅有一个( )。
    A．函数   B．预处理命令
    C．主函数   D．语句
8. 下列 C++标点符号中表示一条语句结束的是( )。
    A．#   B．;   C．//   D．}

二、填空题

1. 在 C++ 中，源文件的扩展名为_____。
2. cout 是 C++ 中的标准输出流对象，它通常代表_____。
3. 一个 C++ 程序的开发通常包括编辑、_____、连接、运行和调试。
4. 一个程序必需有一个名为_____的函数。

三、问答题

1. C++ 与 C 语言的区别是什么？
2. 什么是面向对象程序设计？它与传统的程序设计有何不同？
3. 什么是项目，项目工作区有什么作用？

附录 A 常用字符与 ASCII 码对照表

ASCII 值	HEX	字符	ASCII 值	HEX	字符	ASCII 值	HEX	字符
32	20	空格	64	40	@	96	60	`
33	21	!	65	41	A	97	61	a
34	22	"	66	42	B	98	62	b
35	23	#	67	43	C	99	63	c
36	24	$	68	44	D	100	64	d
37	25	%	69	45	E	101	65	e
38	26	&	70	46	F	102	66	f
39	27	'	71	47	G	103	67	g
40	28	(	72	48	H	104	68	h
41	29	)	73	49	I	105	69	i
42	2A	*	74	4A	J	106	6A	j
43	2B	+	75	4B	K	107	6B	k
44	2C	,	76	4C	L	108	6C	l
45	2D	-	77	4D	M	109	6D	m
46	2E	.	78	4E	N	110	6E	n
47	2F	/	79	4F	O	111	6F	o
48	30	0	80	50	P	112	70	p
49	31	1	81	51	Q	113	71	q
50	32	2	82	52	R	114	72	r
51	33	3	83	53	S	115	73	s
52	34	4	84	54	T	116	74	t
53	35	5	85	55	U	117	75	u
54	36	6	86	56	V	118	76	v
55	37	7	87	57	W	119	77	w
56	38	8	88	58	X	120	78	x
57	39	9	89	59	Y	121	79	y
58	3A	:	90	5A	Z	122	7A	z
59	3B	;	91	5B	[	123	7B	{
60	3C	<	92	5C	\	124	7C		
61	3D	=	93	5D	]	125	7D	}
62	3E	>	94	5E	^	126	7E	~
63	3F	?	95	5F	_	127	7F	DEL

说明：① 0~31 之间的 ASCII 码是计算机使用的控制字符，不能直接显示，在此省略。
② 大小写字母值差 32，数字字符 0~9 的 ASCII 码 48~57。

附录 B Turbo C 2.0 常用库函数

Turbo C 2.0 软件包中提供了 300 多个库子程序，包括函数和宏定义。可以在用户程序中调用它们完成一系列工作。这些函数涉及低级和高级 I/O、串和文件操作、存储分配、进程管理、数据转换、数字运算、图形功能、日期管理等多方面内容。

Turbo C 2.0 子程序包含在库文件（.lib）中，所有的函数原型都在一个或多个头文件（.h）中，由于篇幅有限，下面仅将常用的函数列出，详细说明见实验指导书的配套光盘。

1. 数学函数

数学函数的原型包含在 math.h 中。

名称	用法与功能	函数说明
acos	double acos(double x) 计算 $\cos^{-1}(x)$	$-1 \leqslant x \leqslant 1$ 返回计算结果
asin	double asin(double x) 计算 $\sin^{-1}(x)$	$-1 \leqslant x \leqslant 1$ 返回计算结果
atan	double atan(double x) 计算 $\tan^{-1}(x)$	返回计算结果
atan2	double atan(double x, double y) 计算 $\tan^{-1}(x/y)$	y 不等于 0 返回计算结果
cos	double cos(double x) 计算 $\cos(x)$	x 单位为弧度 返回计算结果
exp	double exp(double x) 求 e^x 的值	返回计算结果
fabs	double fabs(double x) 求 x 的绝对值	返回计算结果
floor	double floor(double x) 求不大于 x 的最大整数	返回计算结果
fmod	double fmod(double x,double y) 求整除 x/y 的余数	y 不等于 0 返回计算结果
log	double log(double x) 求 lnx	返回计算结果
log10	double log10(double x) 求 $\log_{10}x$	返回计算结果
pow	double pow(double x,double y) 求 x^y 的值	返回计算结果
sin	double sin(double x) 计算 $\sin(x)$	x 单位为弧度 返回计算结果

续表

名称	用法与功能	函数说明
sqrt	double sqrt(double x) 计算 $\sqrt{x}$	$x \geq 0$ 返回计算结果
tan	double tan(double x) 计算 tan(x)	x 单位为弧度 返回计算结果

2. 字符函数

字符函数的原型包含在 ctype.h 中。

名称	用法与功能	函数说明
isalnum	int isalnum(int ch) 检查 ch 是否为字母或数字	ch 是字母或数字返回 1，其他字符返回 0
isalpha	int isalpha (int ch) 检查 ch 是否为字母	ch 是字母返回 1，其他字符返回 0
iscntrl	int iscntrl (int ch) 检查 ch 是否为控制字符	ASCII 码 0x7f、0x00～0x1f 是则返回 1，否则返回 0
isdigit	int isdigit (int ch) 检查 ch 是否为数字（0～9）	是则返回 1，否则返回 0
isgraph	int isgraph (int ch) 检查 ch 是否为可打印字符	ASCII 码 0x21～0x7e 是则返回 1，否则返回 0
islower	int islower (int ch) 检查 ch 是否为小写字母	是则返回 1，否则返回 0
isprint	int isprint (int ch) 检查 ch 是否为可打印字符	ASCII 码 0x21～0x7e 是则返回 1，否则返回 0
isspace	int isspace m(int ch) 检查 ch 是否为空格、制表符或换行符等	ASCII 码 0x09～0x0d、0x20 是则返回 1，否则返回 0
isupper	int isupper (int ch) 检查 ch 是否为字母或数字	是则返回 1，否则返回 0
isxdigit	int isxdigit (int ch) 检查 ch 是否为字母或数字	是则返回 1，否则返回 0
tolower	int tolower m(int ch) 检查 ch 是否为字母或数字	返回 ch 对应的小写字母
toupper	int toupper (int ch) 检查 ch 是否为字母或数字	返回 ch 对应的大写字母

3. 字符串函数

字符串函数的原型包含在 string.h 中。

名称	用法与功能	函数说明
memcpy	void *memcpy(void *destin, void *source, unsigned n); 从源 source 中拷贝 n 个字节到目标 destin 中	返回指向 destin 的指针
memcr	void *memchr(void *s, char ch, unsigned n); 在数组 s 的前 n 个字节中搜索字符 ch	返回指向 s 中 ch 第一次出现的位置指针；若没有找到返回 NULL
memmove	void *memmove(void *destin, void *source, unsigned n); 将 source 中前 n 个字符移动到 destin 中	返回指向 destin 的指针
memset	void *memset(void *s, char ch, unsigned n); 设置 s 中的所有字节为 ch，s 数组的大小由 n 给定	返回指向 destin 的指针
memicmp	int memicmp(void *s1, void *s2, unsigned n); 比较两个串 s1 和 s2 的前 n 个字节，忽略大小写	s1<s2 返回负数 s1=s2 返回 0 s1>s2 返回正数
stpcpy	char *stpcpy(char *destin, char *source); 拷贝字符串 source 到字符串 destin	返回 destin
strcat	char *strcat(char *destin, char *source); 将字符串 source 连接到 destin 之后，取消 destin 的串结束符 '\0'	返回 destin
strchr	char *strchr(char *s, char c); 在串 s 中查找字符 c 的第一个匹配之处	返回指向该位置的指针；否则返回 NULL
strcmp	int strcmp(char *s1, char *s2); 比较两个串 s1 和 s2	s1<s2 返回负数 s1=s2 返回 0 s1>s2 返回正数

strrev	char *strrev(char *s); 串倒转	char *s= "string";
		strrev(s);
		printf("%s\n",s);
		结果为：gnirts

strstr	int strstr (char *s1, char *s2); 在串 s1 中查找 s2 的第一次出现	返回指向该位置的指针；否则返回 NULL
strupr	char *strupr(char *s); 将串中的小写字母转换为大写字母	返回 s
strlwr	char *strlwr(char *s); 将串中的大写字母转换为小写字母	返回 s
strlen	unsigned int strlen(char *s) 统计串 s 中字符的个数（不包括结束符 '\0'）	返回字符个数

4. 输入输出函数

输入输出函数的原型包含在 stdio.h 中。

名称	用法与功能	函数说明
clearerr	void clearerr(FILE *fp); 清除文件指针错误	

续表

名称	用法与功能	函数说明
close	int close(int handle); 关闭文件	成功返回 0；否则返回-1
feof	int feof(FILE *fp); 检查文件是否结束	是返回非 0；否则返回 0
fclose	int fclose(FILE *fp); 关闭文件 fp，释放文件缓冲区	成功返回 0；失败时返回 EOF
ferror	int ferror(FILE *fp); 测试文件 fp 是否有错	若检测到错误返回非 0 值；否则返回 0
fgetc	int fgetc(FILE *fp); 从文件中读取下一个字符	成功时返回文件中的下一个字符；至文件结束或出错时返回 EOF
fgets	char *fgets(char *s,int n,FILE *fp); 从文件读 n-1 个字符或遇换行符 '\n' 为止，把读出的内容存入 s 中。与 gets 不同，fgets 在 s 末尾保留换行符。一个空字节被加入到 s，用来标记串的结束	成功时返回 s 所指的字符串；在出错或遇到文件结束时返回 NULL
fopen	FILE*fopen (char *filename, char *mode); 打开文件 filename	出错返回 NULL；成功返回文件指针
fprintf	int fprintf(FILE *fp, char *format[,argument,...]); 按格式串 format 指定格式依次输出表达式 argument 的值到 fp 中	返回写的字符个数；出错时返回 EOF
fputc	int fputc(int c,FILE *fp); 写一个字符到文件 fp 中	成功时返回所写的字符；失败或出错时返回 EOF
fputs	int fputs(const char *s,FILE *fp); 把 s 所指的以空字符终结的字符串送入文件 fp 中，不加换行符 '\n'，不拷贝串结束符 '\0'	成功时返回最后的字符；出错时返回 EOF
free	void free(void *block); 释放先前分配的首地址为 block 的内存块	
fscanf	int fscanf(FILE *fp, char *format,address,...); 按照由 format 所指的格式从文件 fp 中读入数据送到 address 所指向的内存变量中	返回成功地扫描、转换和存储输入字段的个数；遇文件结束返回 EOF
fseek	int fseek(FILE *fp,long offset,int whence); 设置于文件指针指到新的位置，新位置与 whence 给定的文件位置的距离为 offset 字节	返回当前位置；否则返回-1
ftell	long int ftell(FILE *stream); 返回当前文件指针位置。偏移量是文件开始算起的字节数	出错时返回-1L，是长整数的-1 值
fwrite	int fwrite(char *s,unsigned size,unsigned n,FILE *fp); 把 s 指向的 n*size 个字节输出到文件 fp 中	成功返回确切的数据项数（不是字节数）；出错时返回短（short）计数值，可能是 0

续表

名称	用法与功能	函数说明
fread	int fread(char *s,unsigned size, unsigned n,FILE *fp); 从文件 fp 中当前指针位置开始读取 n*size 个字节到 s 中	成功时返回所读的数据项数（不是字节数）；遇到文件结束或出错时可能返回 0
getc	int getc(FILE *fp); 从文件 fp 中读入下一个字符	返回读入的字符；否则返回 EOF
getchar	int getchar(void); 从 stdin 流中读字符	返回读入的字符；否则返回-1
getch	int getch(void); 从控制台无回显地取一个字符	返回读入的字符；否则返回-1
gets	char *gets(char *s); 从标准输入设备读取字符串存入 s 中	返回 s；否则返回 NULL
putc	int putc(int ch, FILE *fp); 输出一字符到指定文件 fp 中	返回输出的字符；否则返回 EOF
putchar	int putchar(int ch); 在 stdout 上输出字符	返回输出的字符；否则返回 EOF
puts	int puts(char *string); 送一字符串到标准输出设备中，并将 '\0' 转换为回车换行符	返回换行符；否则返回 EOF
printf	int printf(char *format,arguments,…) 在 format 串控制下依次输出 arguments 项	返回输出字符的个数，否则返回负数
rewind	void rewind(FILE *fp); 将 fp 文件的指针重新置于文件头，并清除文件结束标志和错误标志	成功返回 0；出错返回-1
scanf	int scanf(char *format,arguments,…) 在 format 串控制下输入数据到 arguments 项，其中 arguments 为指针	正常返回读入并赋值个数；出错返回 0

5. 其他函数

名称	用法与功能	函数说明
abs	int abs(int n); 计算 n 的绝对值	返回计算结果
atof	double atof(char *s); 把字符串 s 转换成浮点数	返回计算结果
atoi	int atoi(char *s); 把字符串 s 转换成整型数	返回计算结果
atol	long atol(char *s); 把字符串 s 转换成长整型数	返回计算结果

续表

名称	用法与功能	函数说明
chdir	int chdir(char *path); 改变工作目录至 path	正常返回 0；出错返回-1
clrscr	void clrscr(void); 清除文本模式窗口	类似于 system("cls");
delay	void delay(unsigned milliseconds); 将程序的执行暂停一段时间（毫秒）	
exit	void exit(int status); 终止程序运行	
fabs	double fabs(double x); 计算双精度 x 的绝对值	返回计算结果
itoa	char *itoa(int value, char *string, int radix); 把一整数转换为字符串，radix 为进制	返回指向 string 的指针
malloc	void *malloc(unsigned size); 分配 size 字节内存	返回所分配的内存地址；错误返回 0
mkdir	int mkdir(char *pathname); 建立一个目录	正常返回 0；出错返回-1
rmdir	int rmdir(char *pathname); 删除一个目录	正常返回 0；出错返回-1
rand	int rand(void); 产生 0~RAND_MAX 之间的伪随机数	返回伪随机数
random	int random(int n); 产生 0~n 之间的随机数	
randomize	void randmize(); 初始化随机函数，要求包含 time.h	
strtod	double strtod(char *str, char **endptr); 将字符串转换为 double 型值	返回运算结果
strtol	long strtol(char *str, char **endptr, int base); 将串转换为长整数	返回运算结果
system	int system(char *command) 发出一个 DOS 命令	例如：system("cls");清屏
window	void window(int left, int top, int right, int bottom) 定义活动文本模式窗口	(left, top)、(right, bottom)分别为窗口左上角和右下角坐标

上面的函数说明包含在头文件中，主要的头文件如下表所示。

头文件	说明	函数举例
alloc.h	内存管理函数	malloc、calloc
conio.h	说明调用 DOS 控制台 I/O 子程序的函数	clrscr
ctype.h	字符类及其转换函数	isalpha、isdigit、isprint

续表

头文件	说明	函数举例
dir.h	目录和路径类操作函数	mkdir、chdir、rmdir
float.h	关于浮点运算类的函数	_fpreset87
graphics.h	图形功能函数	circle、bar、
io.h	低级 I/O 子程序	creat、close、read、write
math.h	数学运算函数	sin、cos、exp、fabs
mem.h	内存操作函数	memcpy、memchr
process.h	进程管理函数	execl、exit、abort
stdio.h	标准 I/O 子程序	printf、scanf、fopen、feof
stdlib.h	常用子程序包括转换、排序、搜索等	atof、ltoa、strtod、
string.h	串操作及相关内存操作函数	strlen、strchr、strcat、strcmp
time.h	时间类函数	clock、time

附录 C　Turbo C 2.0 和 Visual C++在编辑 C 程序时的区别

1. 位数

TC 是一个 16 位的 DOS（Disk Operation System）程序，VC 是一个标准的 32 位 Windows 应用程序。前者依然受着 64KB 内存分段约束，后者无忧无虑地使用着 4GB 内存地址空间。它们本来就是运行在不同的操作系统上的。别把他们混淆。

DOS 程序可以运行在 Windows 上是因为有 NTVDM。而你把 VC 生成的控制台程序（Windows 32 console）放到 DOS 下只会得到：

This program cannot be run in DOS mode.

2. 鼠标支持

TC 2.0 不支持鼠标操作，只支持键盘操作，诸如光标的定位，代码的复制、删除、移动等操作不如在 VC++ 6.0 中方便。

3. 数据类型

区别如下表所示。

数据类型	Turbo C 2.0	VC++ 6.0
int	2byte	4byte
short int	2byte	2byte

4. 头文件

在 TC 2.0 中，如果程序中只用到了 printf()和 scanf()函数，是可以省略头文件包含 #include <stdio.h>，但在 VC++ 6.0 中不允许省略。

5. 程序调试

在 VC++ 6.0 中程序的调试，设置断点、变量跟踪等比 TC 方便。

6. 函数参数处理

VC++ 6.0 的函数参数处理和 TC 一样，都是从后向前的堆栈式处理方式，只是对运算符 ++、--的后缀处理略有不同：VC++ 6.0 的参数后缀在所有参数处理之后再完成，而 TC 每处理一个参数，其中的后缀将影响下一个参数。

参考文献

[1] 丁亚涛．C 语言程序设计教程（第二版）．北京：高等教育出版社，2006．
[2] 谭浩强．C 语言程序设计（第三版）．北京：清华大学出版社，2005．
[3] 谭浩强．C 语言程序设计教程（第二版）．北京：高等教育出版社，1998．
[4] Brian W.Kernighan Dennis M.Ritchie．The C Programming Language．北京：机械工业出版社，2004．
[5] Kenneth A.Reek．Pointers on C Kenneth A.Reek．北京：人民邮电出版社，2003．